1+X 证书制度试点培训用书

U0290417

人工智能前端设备应用实训
（中级）

北京新奥时代科技有限责任公司　组编

电子工业出版社
Publishing House of Electronics Industry
北京·BEIJING

内 容 简 介

本教材的编写以《人工智能前端设备应用职业技能等级标准》为依据，围绕人工智能的人才需求与岗位能力进行内容设计。本教材包括智慧社区设备安装与调试、智慧校园应用系统部署、智慧社区数据采集与标注、无人超市应用场景优化四个项目，涵盖"智能前端设备安装与调试""应用系统部署""数据采集与标注""场景化应用与优化"等核心课程。本教材以项目化设计模型，使教材展开过程与工作过程无缝对接，将"职业领域"教学化为"课程领域"，"课程领域"项目化为"教材领域"，解决院校教材设计与职业岗位工作过程不匹配的问题。

本教材可作为 1+X 证书制度试点工作中的人工智能前端设备应用职业技能等级标准的教学和培训的教材，也可作为期望从事人工智能前端设备应用工作的人员的参考书。

图书在版编目（CIP）数据

人工智能前端设备应用实训：中级 / 北京新奥时代科技有限责任公司组编 . —北京：电子工业出版社，2022.1

ISBN 978-7-121-42809-8

Ⅰ．①人… Ⅱ．①北… Ⅲ．①人工智能－前端设备－高等学校－教材 Ⅳ．①TP18

中国版本图书馆 CIP 数据核字（2022）第 018363 号

责任编辑：胡辛征　　　　　　特约编辑：田学清
印　　刷：河北鑫兆源印刷有限公司
装　　订：河北鑫兆源印刷有限公司
出版发行：电子工业出版社
　　　　　北京市海淀区万寿路 173 信箱　　　　　邮编：100036
开　　本：787×1092　　1/16　　印张：13.75　　字数：380 千字
版　　次：2022 年 1 月第 1 版
印　　次：2023 年 2 月第 2 次印刷
定　　价：49.80 元

凡所购买电子工业出版社图书有缺损问题，请向购买书店调换。若书店售缺，请与本社发行部联系，联系及邮购电话：（010）88254888，88258888。

质量投诉请发邮件至 zlts@phei.com.cn，盗版侵权举报请发邮件至 dbqq@phei.com.cn。

本书咨询联系方式：（010）88254361 或 hxz@phei.com.cn。

编委会名单

主　任：谭志彬

副主任：黄文健

委　员：（按拼音顺序）

黄智慧　罗　颖

汪文帅　王欣欣

徐钢涛　余正泓

郑子伟

前　言

2021 年 10 月，中共中央办公厅、国务院办公厅印发了《关于推动现代职业教育高质量发展的意见》。意见中提到，深化教育教学改革，改进教学内容与教材，完善"岗课赛证"综合育人机制，按照生产实际和岗位需求设计开发课程，开发模块化、系统化的实训课程体系，提升学生实践能力；深入实施职业技能等级证书制度，及时更新教学标准，将新技术、新工艺、新规范、典型生产案例及时纳入教学内容，把职业技能等级证书所体现的先进标准融入人才培养方案。

《国家职业教育改革实施方案》要求把职业教育摆在教育改革创新和经济社会发展中更加突出的位置。对接科技发展趋势和市场需求，完善职业教育和培训体系，优化学校、专业布局，深化办学体制改革和育人机制改革，鼓励和支持社会各界特别是企业积极支持职业教育，着力培养高素质劳动者和技术技能人才。

实施 1+X 证书制度，培养复合型技术技能人才，是应对新一轮科技革命和产业变革带来的挑战、促进人才培养供给侧和产业需求侧结构要素全方位融合的重大举措；是促进职业院校加强专业建设、深化课程改革、增强实训内容、提高师资水平、全面提升教育教学质量的重要着力点；是促进教育链、人才链与产业链、创新链有机衔接的重要途径；对深化产教融合、校企合作，健全多元化办学体制，完善职业教育和培训体系有重要意义。

新一轮科技革命和产业变革的到来，推动了产业结构调整与经济转型升级新业态的出现。战略性新兴产业在爆发式发展的同时，也对新时代产业人才培养提出了新的要求与挑战。中国共产党第十八次全国代表大会以来，人工智能技术先后三次被写入政府报告中，人工智能的发展已被提升到国家战略高度。但随着人工智能产业的飞速发展与行业人才的需求特点，出现了"行业火爆、人才稀缺"现象，对此，要全面地认识人工智能发展现状及未来趋势，培育优质人才，助力人工智能产业发展。工业和信息化部 2020 年发布的《人工智能产业人才发展报告》中提出，我国人工智能产业人才队伍还存在以下三个问题：一是人才供需结构不平衡，当前人工智能人才整体需求缺口较大，人才供给在当前面临着岗位类型、技术与企业需求之间存在显著错位的严重现象；二是人才供需质量不平衡，随着人工智能技术的不断进阶，应用落地范围的持续扩展，企业对创新型、复合型人才的需求更加突出，而当前人才质量难以满足企业需求；三是人才供需区域不平衡，京津冀地区、长三角地区和粤港澳大湾区是现阶段我国人工智能产业的三大人才集聚地，人工智能相关企业数量也领先全国其他地区，部分欠发达地区由于缺乏人才，更进一步制约了人工智能产业本地化的发展趋势。人工智能行业从业人员突破 60 万，但人才仍然缺乏。当前，随着人工智能行业迅速壮大，人工智能领域人才需求激增，人才困境日益凸显。人才，尤其是高水平人才的匮乏，正成为制约当前我国人工智能行业快速发展的瓶颈之一。为解决人才瓶颈，目前国家也正在全方位大力支持培养人工智能行业人才。

为贯彻落实《关于推动现代职业教育高质量发展的意见》和《国家职业教育改革实施方案》，积极推动 1+X 证书制度实施，北京新奥时代科技有限责任公司联合工业和信息化部教育与考试中心、北京新大陆时代教育科技有限公司、新大陆数字技术股份有限公司、北京地平线机器人技术研发有限公司组织编写了《人工智能前端设备应用（中级）》教材。依据教育部落实《国家职业教育改革实施方案》的相关要求，以客观反映现阶段行业的水平和对从业人员的要求为目标，在遵循有关技术规程的基础上，以专业活动为导向，以专业技能为核心，组织了以企业工程师、高职和本科院校的学术带头人为主的专家团队，编写了本教材。本教材的编写工作在北京新大陆时代教育科技有限公司、新大陆数字技术股份有限公司、北京地平线机器人技术研发有限公司的大力支持下，以《人工智能前端设备应用职业技能等级标准》的职业素养、职业专业技能等内容为依据，以工作项目为模块，依照工作任务进行组编。

人工智能前端设备应用初级、中级、高级人员主要围绕现阶段人工智能前端设备行业应用技术发展水平；以面向智慧安防、智慧社区、智慧校园、智慧零售等人工智能前端设备相关企事业单位对从业人员的要求为目标；培养具有良好的安全生产意识、节能环保意识，遵循人工智能前端设备安全操作规程和职业道德规范，精通人工智能前端设备基础理论知识，从事人工智能前端设备实施维护、系统运维、数据标注、模型训练、技术支持、测试等岗位，能根据项目需求和目标场景，完成智能前端设备选型与调试、应用系统联调、目标场景数据采集与数据标注、使用工具软件进行应用配置，场景化模型微调训练等工作的技能型人才。

本教材的主要内容包括智慧社区设备安装与调试、智慧校园应用系统部署、智慧社区数据采集与标注、无人超市应用场景优化四个项目。

本教材突出案例教学，在全面、系统地介绍各项目内容的基础上，以实际人工智能前端设备生产中的现场典型工作任务为案例，将理论知识和案例结合起来。本教材内容全面，由浅入深，详细介绍了人工智能前端设备在应用中涉及的核心技术和技巧，并重点讲解了读者在学习过程中难以理解和掌握的知识点，降低了读者的学习难度。本教材主要用于 1+X 证书制度试点教学、中高职院校人工智能专业教学、全国工业和信息化信息技术人才培训、人工智能应用企业内训等。

编　者

2021 年 5 月

目　录

项目一
智慧社区设备安装与调试

【引导案例】

　　智慧社区是指通过利用各种智能技术和方式，整合社区现有的各类服务资源，为社区群众提供教育、娱乐、医护、政务、商务及生活互助等多种便捷服务的模式。从应用方向来看，"智慧社区"应实现"以智慧政务提高办事效率，以智慧民生改善人民生活，以智能家居打造智能生活，以智慧小区提升社区品质"的目标。

　　学会安装并部署各种人工智能（AI）边缘设备和电子设备是构建智慧社区的基础。本项目使用的主要设备有 AI 边缘网关、枪型摄像头、路由器、触摸屏、智能人脸一体机、语音采集播放设备等。在不同的场景下选择不同的设备进行安装部署，就可以满足不同场景的需求。

　　本项目列举了三个场景，这些场景分别为智慧社区公共区域安防系统、智慧社区门禁系统和智能家居系统。通过对上述三个场景的学习，可以了解不同设备的使用场景、配置方法、安装要求和调试技巧。

　　智慧社区生态图如图 1-1 所示。在监控中心即可实时监控智慧社区的综合情况。大家可以观察一下，你所在的小区有哪些智能化的设施，它们是由哪些智能电子设备构成的呢？

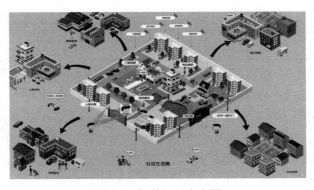

图 1-1　智慧社区生态图

任务一　智慧社区公共区域安防系统

【职业能力目标】

- 能够根据设备连接拓扑图，安装和连接设备；
- 能够根据要求，配置路由器和 AI 边缘网关；
- 能够根据要求，调试安防系统。

【任务描述与要求】

任务描述：

为社区公共区域设计安防系统功能，用户可在触摸屏上查看监控实时画面并开启或关闭警示灯（三色灯）和蜂鸣器。

任务要求：

- 完成 AI 边缘网关、路由器、触摸屏、枪型摄像头的安装和连接；
- 设置路由器登录密码和无线密码，以及配置 AI 边缘网关 IP 地址；
- 调试枪型摄像头并上传配套代码至 AI 边缘网关，调试安防系统功能。

【任务分析与计划】

根据所学相关知识，请制订本任务的实施计划，如表 1-1 所示。

表 1-1　任务计划表

项目名称	智慧社区设备安装与调试
任务名称	智慧社区公共区域安防系统
计划方式	自行设计
计划要求	请用 8 个计划步骤来完整描述如何完成本任务
序号	任务计划
1	
2	
3	
4	
5	
6	
7	
8	

【知识储备】

本任务涉及的枪型摄像头、AI 边缘网关、触摸屏、三色灯、蜂鸣器、路由器等硬件设备是建设智慧社区公共区域安防系统的常用设备。此套设备可安置于社区安防人员难以监视的死角，对出入社区的人员进行监控。当有可疑人员未经批准擅自出入社区时，安防系统将启动三色灯或蜂鸣器提醒社区安防人员对可疑人员进行排查。

本任务的知识储备主要介绍硬件设备的相关知识和终端连接与传输。

一、硬件设备的相关知识

1. AI 边缘网关

AI 边缘网关的核心板具有神经网络加速引擎,提供高效且丰富的计算资源,支撑开发各种计算机视觉、语音、自然语言处理等 AI 应用。开发平台包含算法模型编译器、丰富的 API 接口、自定义算法部署等 AI 算法开发能力,也提供了物体分类识别、物体目标检测、人脸检测、车牌识别、车位检测、车道线检测、缺陷检测等 AI 应用开发能力。AI 边缘网关如图 1-2 所示,AI 边缘网关设备参数如表 1-2 所示。

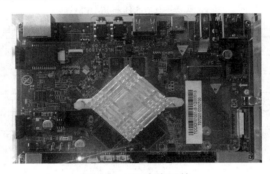

图 1-2 AI 边缘网关

表 1-2 AI 边缘网关设备参数

主要规格	主控芯片	RK3399Pro
	处理器内核	六核 ARM 64 位处理器,双核 Cortex-A72,四核 Cortex-A53,主频 1.8GHz
	GPU	四核 ARM Mali-T860 MP4
	NPU	支持 Tensorflow、Caffe 模型,运算性能高达 3.0TOPs
通信接口	有线通信	1000Mbit/s 以太网口(Realtek RTL8211F)
	无线通信	支持 WiFi、蓝牙
	串行接口	支持 RS232、RS485 接口
	USB 接口	4 路 USB3.0 Host(Type-A)接口
		1 路 USB3.0 OTG(Type-C)接口

2. 枪型摄像头

枪型摄像头的外观类似长的四方体或者长的圆柱体,安装方式为用支架壁安装,一般安装在通道内、厂房或者停车场等区域。枪型摄像头如图 1-3 所示。枪型摄像头具有高清的成像技术、高清透雾、红外侦测锁定、日夜转换红外摄像等功能,主要应用于无灯光或光照度低的地下车库、仓库,也被应用于监控城市道路、小区室外环境等。枪型摄像头可以有效降低夜间低照度环境下的图像噪点,提升画面质量。可根据选用不同的镜头(有几倍到几十倍不等)来实现远距离和广角监控,达到近焦远景的最佳效果。在道路监控使用中,即使车速变化范围较大,枪型摄像头通过内置的强光抑制功能、电子快门设定,实现对车牌的抓拍。枪型摄像头也支持人脸检测、人脸抓拍。枪型摄像头设备参数如表 1-3 所示。

图 1-3　枪型摄像头

表 1-3　枪型摄像头设备参数

图像	最大图像分辨率	1920 像素 × 1080 像素
	视频压缩标准	主码流：H.265/H.264
		子码流：H.265/H.264/MJPEG
	最低照度	彩色：0.001 Lux @（F1.2，AGC ON），0 Lux with IR
	视场角	焦距及视场角：4 mm@ F1.6，水平视场角：86°，
		垂直视场角：46.3°，对角线视场角：104.2°
	补光	最远可达 30m
接口	有线通信	1 个 RJ45 10Mbps/100Mbps 自适应以太网口
	电源接口	φ5.5mm 圆口

3．路由器

路由器是连接两个或多个网络的硬件设备，在网络间起网关的作用，是读取每个数据包中的地址然后决定如何传送的专用智能性的网络设备，提供路由与转送两种重要机制，可以决定数据包从来源端到目的端所经过的路由路径（Host 到 Host 之间的传输路径），这个过程称为路由；将路由器输入端的数据包移送至适当的路由器输出端（在路由器内部进行），这个过程称为转送。路由工作在 OSI 模型的第三层（网络层），如网际协议（IP）。

无线路由器是一种应用于用户上网、带有无线覆盖功能的路由器，可将其看作一个转发器，将宽带网络信号通过天线转发给附近的无线网络设备。它还具有其他一些网络管理的功能，如 DHCP 服务、NAT 防火墙、MAC 地址过滤、动态域名等。本任务选用的无线路由器，有一个 WAN 口，即 UPLink 到外部网络的接口；有 4 个 LAN 口，用来连接普通局域网；内部有一个网络交换机芯片，用来专门处理 LAN 口之间的信息交换，WAN 口和 LAN 口之间的路由工作模式采用 NAT 方式。路由器如图 1-4 所示。路由器设备参数如表 1-4 所示。

图 1-4　路由器

表 1-4 路由器设备参数

主要规格	名称	300MB 无线路由器
	电源	电压 5V，电流 0.6A
	接口	1 个 WAN 口，4 个百兆 LAN 口
	结构	电源接口，复位键，2 根天线，具有 WiFi 功能

4．触摸屏

触摸屏本质上是传感器，它由触摸检测部件和触摸屏控制器组成，如图 1-5 所示。触摸检测部件安装在显示器屏幕前面，检测到用户触摸位置，触摸屏控制器的触觉反馈系统可根据预先编制的程序驱动各种连接装置，并借由液晶显示画面展示生动的影音效果。触摸屏作为一种计算机输入设备，使用者只要用手就可以在触摸屏上实现对主机的操作和查询，摆脱了键盘和鼠标，大大提高了可操作性和安全性，使人机交互更为直接。触摸屏设备参数如表 1-5 所示。

图 1-5 触摸屏

表 1-5 触摸屏设备参数

主要规格	尺寸	10 寸 2560 像素×1440 像素 IPS 屏，10 点触控电容屏
	视角	178°水平可视角度
	亮度	350cd/m² 显示亮度
	对比度	800∶1（动态）的对比度
	结构	内置音箱 HDR，工业级铝合金屏外壳

5．数字量 I/O 模块

数字量 I/O 模块是通用传感器到计算机、嵌入式设备的便携式接口模块，专为恶劣环境下的可靠操作而设计。该系列产品内置微处理器，具有坚固的工业级 ABS 塑料外壳，可以独立提供智能信号调理、模拟量 I/O、数字量 I/O 和 LED 数据显示功能，此外，地址模式采用了人性化设计，可以方便地读取模块地址。数字量 I/O 模块如图 1-6 所示。数字量 I/O 模块设备参数如表 1-6 所示。

在时间上和数量上都是离散的物理量称为数字量，数字量是由 0 和 1 组成的信号，经过编码形成有规律的信号，量化、编码后的模拟量就是数字量。数字量有个特殊组合，即只存在 0 或者 1 两种状态，称为开关量。"开"和"关"是电子产品中最基本、最典型的功能，只包括开入量和开出量，反映的是状态。例如，控制风扇的启停、灯的亮灭等。

图 1-6　数字量 I/O 模块

表 1-6　数字量 I/O 模块设备参数

主要规格	温度	-40～85℃（40～185°F）
	湿接点	逻辑低电平为 0～3V，逻辑高电平为 10～30V
	输入/输出	7 路数字输入，8 路数字输出
	频率	支持 3kHz 计数器（32 位+1 位预留）和频率输入
	脉冲	支持 5kHz 脉冲输出
电压	过电压保护	±40V DC
	隔离电压	3000V DC 浪涌，EFT 和 ESD 保护
其他	PWM-OUT	支持高至低和低至高延时输出
	逻辑高低电平	输入高低电平倒置； 逻辑低电平：接地，逻辑高电平：开放

6．三色灯

　　三色灯作为警示标志被广泛应用于各种特殊场所，也被应用于市政、施工作业、监护、救护、抢险等场景。三色灯用于指示当前设备的状态和发送信号，红色灯代表当前设备处于报警状态，有的设备红灯亮起时会伴随蜂鸣声，用于提醒操作者；绿灯亮起代表当前设备处于使用中，如测试中或编程中；黄灯亮起代表设备加工完成，可以取出工件准备下一次加工。三色灯如图 1-7 所示。三色灯设备参数如表 1-7 所示。

图 1-7　三色灯

表 1-7　三色灯设备参数

主要规格	光源	LED，单层三色
	亮灯颜色	红、黄、绿
	闪光频率	63～65 次/分
	工作温度	-20～45℃
	蜂鸣器电流	20mA
	安装方式	螺帽安装
	灯罩直径	50mm
	电压	12V 供电，无正负极连接限制

二、终端连接与传输

在任务实施中将在 Windows 操作系统上用 Xshell 连接 AI 边缘网关，以及用 Xftp 将本地的配套代码文件上传到 AI 边缘网关。

1. Xshell

Xshell 是 Windows 操作系统下的一款功能非常强大的安全终端模拟软件，用于对 Linux 主机进行远程管理，如通过 SSH 发送指令远程控制 Linux 主机。Xshell 支持 Telnet、Rlogin、SSH 等协议，还支持串口、VNC、X server 等功能，可以方便、快捷地对 Linux 主机进行远程管理。Xshell 图标如图 1-8 所示。Xshell 系统需求参数如表 1-8 所示。

表 1-8　Xshell 系统需求参数

系统需求	操作系统	Microsoft Windows 2000 SP4 及以上版本
	内存	256MB（推荐 512MB）
	硬盘	50MB
	网络	TCP/IP Microsoft Windows 1.1 或更高版本

2. Xftp

Xftp 是一款功能强大的 SFTP、FTP 文件传输软件，其图标如图 1-9 所示。Windows 用户可以使用 Xftp 安全地在 UNIX/Linux 和 Windows PC 之间传输文件。Xftp 也具有同步、直接编辑、支持多个窗格、支持文件交换协议、编辑远程文件、启动终端对话、增加上传/下载速度等特色功能。

图 1-8　Xshell 图标　　　　　　图 1-9　Xftp 图标

3. SSH 通信协议

SSH 为 Secure Shell 的缩写，是建立在应用层基础上，专为远程登录会话和其他网络服务提供安全性的协议。利用 SSH 可以有效防止远程管理过程中的信息泄露问题。SSH 最初是 UNIX 上的一个程序，后来又迅速扩展到其他操作平台。SSH 在正确使用时可弥补网络中的漏洞。SSH 客户端适用于 Windows、macOS、Linux 等多种平台。

SSH 协议框架主要由以下三个部分组成。

（1）传输层协议：提供服务器认证功能，保证数据保密性及信息完整性。

（2）用户认证协议：为服务器提供客户端用户鉴别。

（3）连接协议：将多个加密的信息隧道分成若干逻辑通道，运行在用户认证协议上，提供交互式登录话路、远程命令执行、转发 TCP/IP 连接和转发 X11 连接。

为实现安全连接，SSH 工作过程中服务器端与客户端要经历以下五个阶段。

（1）版本号协商阶段。双方协商确定使用的版本（SSH1 或 SSH2）。

（2）密钥和算法协商阶段。SSH 支持多种加密算法，双方根据本端和对端支持的算法，协商出最终使用的算法。

（3）认证阶段。客户端向服务器端发起认证请求，服务器端对客户端进行认证。

（4）会话请求阶段。认证通过后，客户端向服务器端发送会话请求。

（5）交互会话阶段。会话请求通过后，服务器端和客户端进行信息的交互。

4．SFTP 文件传输协议

SFTP 指的是 SSH 文件传输协议（SSH File Transfer Protocol），也称 Secret File Transfer Protocol（安全文件传送协议），是数据流连接提供文件访问、传输和管理功能的网络传输协议。

SFTP 与 FTP 有着几乎一样的语法和功能。SFTP 为 SSH 的其中一部分，是一种传输档案至 Blogger 伺服器的安全方式。SFTP 本身没有单独的守护进程，它必须使用 SSH 守护进程（端口号默认是 22）来完成相应的连接和答复操作，某种意义上，SFTP 并不像是一个服务器程序，而更像是一个客户端程序。SFTP 同样使用加密传输认证信息和传输的数据，所以，使用 SFTP 是非常安全的。但由于这种传输方式使用了加密、解密技术，所以传输效率比普通的 FTP 要低得多。

【任务实施】

一、设备安装与连接

智慧社区公共区域安防系统所需设备如表 1-9 所示。

表 1-9　智慧社区公共区域安防系统所需设备

序号	设备名称	数量	是否准备到位（√）
1	路由器	1	
2	AI 边缘网关	1	
3	触摸屏	1	
4	枪型摄像头	1	
5	数字量 I/O 模块	1	
6	三色灯	1	

智慧社区公共区域安防系统设备连接拓扑图如图 1-10 所示。

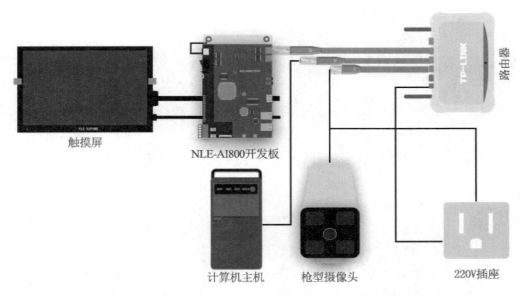

图 1-10 智慧社区公共区域安防系统设备连接拓扑图

1. 连接路由器

步骤 1：连接电源。将路由器电源适配器一端连接至路由器电源接口，将路由器电源适配器另一端插在 220V 插座，如图 1-11 所示。

步骤 2：连接网线。将网线一端连接至路由器 LAN 口，将网线另一端连接至计算机网络接口，如图 1-12 所示。

图 1-11 路由器电源适配器

图 1-12 将网线连接至路由器

2. 连接 AI 边缘网关

步骤 1：连接电源。将电源线连接至 AI 边缘网关电源接口，如图 1-13 所示。

步骤 2：连接网线。将网线一端连接至 AI 边缘网关网络接口，将网线另一端连接至路由器 LAN 口，如图 1-14 所示。

步骤 3：连接总电源。板上所有设备的总电源接口在板侧面，将 24V 5A 电源适配器一端连接至总电源接口，将 24V 5A 电源适配器另一端插在 220V 插座。24V 5A 电源适配器如图 1-15 所示，总电源接口如图 1-16 所示。

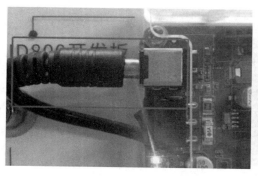

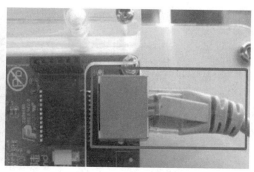

图 1-13　连接 AI 边缘网关电源接口　　　　图 1-14　连接 AI 边缘网关网络接口

图 1-15　24V5A 电源适配器　　　　　　图 1-16　总电源接口

3．连接触摸屏

步骤 1：连接 USB 线。将 USB 线的 MicroUSB 一端连接至触摸屏 MicroUSB 接口，将 USB 线另一端连接至 AI 边缘网关 USB 接口，如图 1-17 所示。

步骤 2：连接 HDMI 线。将 HDMI 线一端连接至触摸屏 HDMI 接口，将 HDMI 线另一端连接至 AI 边缘网关 HDMI 接口，如图 1-18 所示。

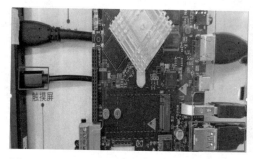

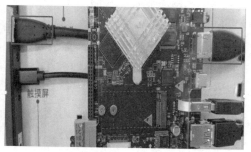

图 1-17　连接触摸屏与 AI 边缘网关 USB 接口　图 1-18　连接触摸屏与 AI 边缘网关 HDMI 接口

4．连接枪型摄像头

步骤 1：连接电源。将 12V 3A 电源适配器一端连接至枪型摄像头电源接口，将 12V 3A 电源适配器另一端插在 220V 插座。枪型摄像头电源适配器如图 1-19 所示，枪型摄像头电源接口如图 1-20 所示。

图 1-19　枪型摄像头电源适配器

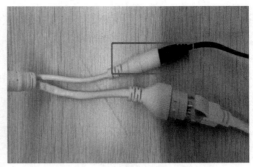

图 1-20　枪型摄像头电源接口

步骤 2：连接网线。将网线一端连接至枪型摄像头网络接口，将网线另一端连接至路由器 LAN 口，如图 1-21 所示。

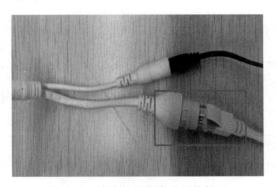

图 1-21　连接枪型摄像头网络接口

二、设备配置与调试

1. 配置路由器

步骤 1：重置路由器。按住路由器重置按钮直至指示灯熄灭，路由器重置按钮如图 1-22 所示，路由器指示灯如图 1-23 所示。

图 1-22　路由器重置按钮

图 1-23　路由器指示灯

步骤 2：登录路由器后台管理系统。在计算机上使用浏览器输入路由器的 IP 地址 "192.168.1.1"，打开路由器后台管理系统页面。在设置密码和确认密码文本框中输入

"newland123"，设置完后单击下面的箭头按钮进入下一步操作，如图 1-24 所示。

图 1-24　设置登录密码

步骤 3：默认自动获取 IP 地址。单击箭头按钮进入下一步操作，如图 1-25 所示。

图 1-25　默认自动获取 IP 地址

步骤 4：设置无线密码。将"无线密码"设置为"newland123"，如图 1-26 所示。

图 1-26 设置无线密码

步骤 5：完成设置向导。单击"确认"按钮完成设置向导，如图 1-27 所示。之后进入设备连接管理界面，如图 1-28 所示。

图 1-27 完成设置向导

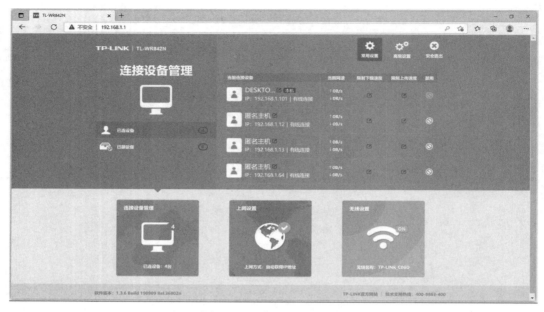

图 1-28　设备连接管理界面

2. 配置 AI 边缘网关

步骤 1：检查 AI 边缘网关是否正常。给 AI 边缘网关上电，状态指示灯亮起，系统会自动启动应用，当触摸屏显示如图 1-29 所示的开发模式界面或如图 1-30 所示的演示模式界面时，说明 AI 边缘网关正常。

图 1-29　开发模式界面

图 1-30 演示模式界面

步骤 2：切换至开发模式。修改配置和运行调试代码要在开发模式下进行，如果已经是开发模式，则转至步骤 3，否则单击"设置"→"切换开发模式"→"确定"按钮，之后系统将重启并进入开发模式，如图 1-31 所示。演示模式用来演示已集成的功能。单击图 1-32 中的箭头按钮可将开发模式切换至演示模式，如图 1-32 所示。

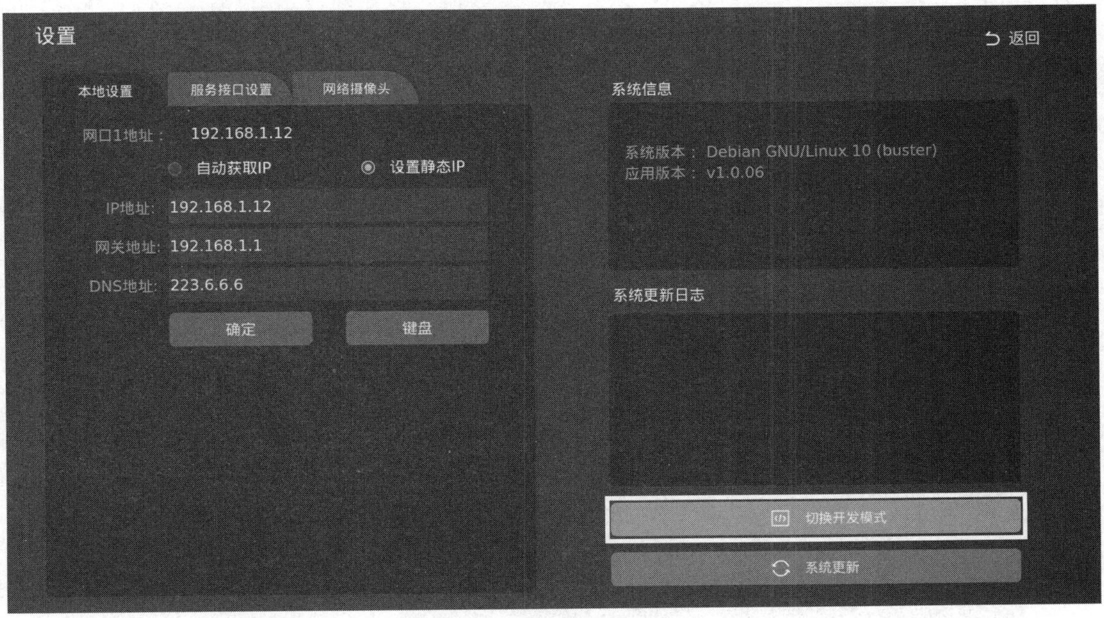

图 1-31　切换开发模式

图 1-32　切换演示模式

步骤 3：配置 IP 地址。在使用中设备若是自动获取 IP 地址的，则容易导致设备之间通信异常，为了避免 AI 边缘网关的 IP 地址发生变动，需要配置固定的 IP 地址，而 IP 地址必须要和路由器在同一个网关下，教学中路由器的网关地址是 "192.168.1.1"，AI 边缘网关的 IP 地址统一固定为 "192.168.1.12"。单击右上角 "设置" 按钮进入 AI 边缘网关设置界面，然后单击 "设置静态 IP" 按钮，接着单击 "键盘" 按钮即可进行编辑。将 "IP 地址" 设置为 "192.168.1.12"，"网关地址" 设置为 "192.168.1.1"，"DNS 地址" 设置为 "223.6.6.6"，单击 "确定" 按钮。当 "网口 1 地址" 显示刚设置的 IP 地址时，说明静态 IP 地址设置成功，如图 1-33 所示。

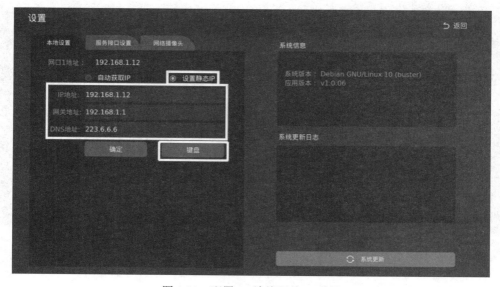

图 1-33　配置 AI 边缘网关 IP 地址

3．调试枪型摄像头

步骤 1：登录枪型摄像头后台管理系统。在计算机上使用浏览器（务必使用 IE 浏览器）输入 IP 地址"192.168.1.64"，打开枪型摄像头后台管理系统登录页面，输入用户名"admin"，密码"newland123"，单击"登录"按钮，如图 1-34 所示。

图 1-34　枪型摄像头后台管理系统登录页面

步骤 2：安装控件。初次登录后，页面提示需要下载控件，通过单击页面中的提示信息来下载控件，如图 1-35 所示。下载完后单击"运行"按钮进行安装，如图 1-36 所示。

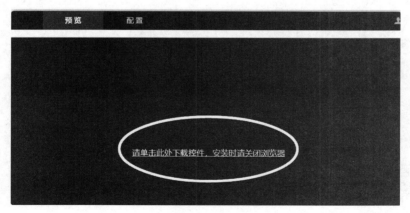

图 1-35　下载控件

图 1-36　安装控件

步骤 3：允许运行加载项。这时网页会提示"此网页想要运行以下加载项……"，单击"允许"按钮，如图 1-37 所示。

图 1-37　允许运行加载项

步骤 4：刷新页面。单击"允许"按钮后如果浏览器没有自动刷新页面，则手动刷新页面。当看到流畅的视频图像时，代表枪型摄像头调试成功，如图 1-38 所示。

图 1-38　枪型摄像头调试完成页面

4．调试安防系统

步骤 1：安装 Xshell 终端控制软件和 Xftp 终端文件传输软件。安装包在配套资料"..\项目一\"文件夹下，如图 1-39 所示。安装前需退出 360 等安全软件，否则可能导致安装失败。

步骤 2：将 Xftp 连接至 AI 边缘网关，将任务配套的调试代码上传至 AI 边缘网关指定目录下。

（1）打开 Xftp 软件，单击"新建"按钮，如图 1-40 所示。

图 1-39　Xshell 和 Xftp 安装包所在位置　　　　　　图 1-40　新建会话

（2）在"新建会话属性"对话框的"名称"文本框中输入"AI 边缘网关"，在"主机"文本框中输入 AI 边缘网关的静态 IP 地址"192.168.1.12"，然后单击"连接"按钮，如图 1-41 所示。

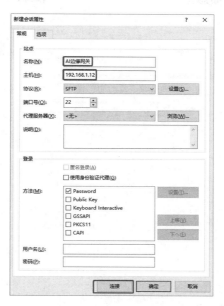

图 1-41　"新建会话属性"对话框

（3）首次连接主机时会弹出 SSH 安全警告，单击"接受并保存"按钮，如图 1-42 所示。

（4）在弹出的对话框中输入远程机用户名"nle"，并勾选"记住用户名"复选框，然后单击"确定"按钮，如图 1-43 所示。

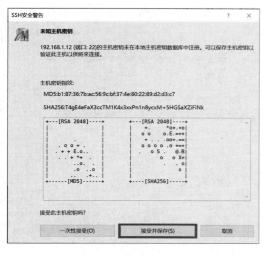

图 1-42　接受主机密钥

图 1-43　输入用户名

（5）输入用户密码"nle"，勾选"记住密码"复选框，单击"确定"按钮，如图 1-44 所示。

（6）弹出 Xftp 界面，界面左侧为本地文件目录，右侧为 AI 边缘网关文件目录。将文件从左侧目录拖到右侧目录中，即可上传文件至 AI 边缘网关。采用相反的操作则会使文件从 AI 边缘网关下载至本地。选择左侧文件找到"..\项目一\public_safety_debug"文件夹，将其拖曳至终端"/home/nle"目录下，如图 1-45 所示。

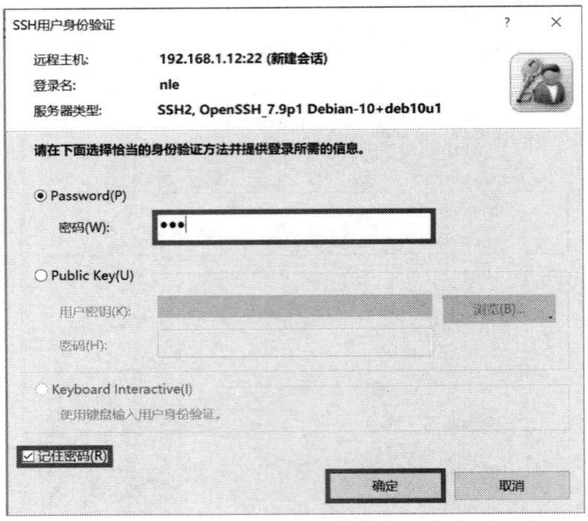

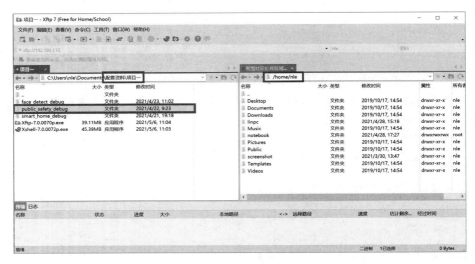

图 1-44　输入密码

图 1-45　上传文件

步骤 3：将 Xshell 连接至 AI 边缘网关，启动调试代码。

（1）打开 Xshell 软件，单击"新建"按钮，如图 1-46 所示。

（2）在"新建会话属性"对话框中的"名称"文本框中输入"AI 边缘网关"，在"主机"文本框中输入 AI 边缘网关的静态 IP 地址"192.168.1.12"，然后单击"连接"按钮，如图 1-47 所示。

图 1-46　新建会话

（3）在弹出的对话框中输入远程机用户名"nle"，并勾选"记住用户名"复选框，然后单击"确定"按钮，如图 1-48 所示。

图 1-47 "新建会话属性"对话框

图 1-48 输入用户名

（4）输入用户密码"nle"，并勾选"记住密码"复选框，然后单击"确定"按钮，如图 1-49 所示。

图 1-49 输入密码

（5）Xshell 成功连接 AI 边缘网关后，在命令窗口中输入"ls"后按回车键执行，会显示当前路径下的所有文件名称，若存在 public_safety_debug 文件夹，则说明操作成功，如图 1-50 所示。

```
#显示当前路径下的所有文件名称
ls
```

```
nle@debian10:~$ ls
Desktop      Downloads    Pictures    Templates   linpc      public_safety_debug
Documents    Music        Public      Videos      notebook   screenshot
```

图 1-50　查看本地文件

（6）当前目录为/home/nle，执行"cd public_safety_debug"命令，切换目录至/home/nle/public_safety_debug；执行"sudo python3 main.py"命令，使用超级管理员权限执行"main.py"中的调试代码，之后输入密码"nle"并按回车键即可执行调试代码，如图 1-51 所示。输入密码的过程中输入行不会显示任何字符，这是系统的安全机制。

```
#切换目录至/home/nle/public_safety_debug
cd public_safety_debug
#使用超级管理员权限执行调试代码
sudo python3 main.py
```

```
nle@debian10:~$ cd public_safety_debug/
nle@debian10:~/public_safety_debug$ sudo python3 main.py
[sudo] password for nle:
```

图 1-51　执行调试代码

步骤 4：验证设备是否正常工作。

（1）调整枪型摄像头拍摄位置，若触摸屏能显示枪型摄像头拍摄的实时画面，则说明枪型摄像头连线与配置成功，如图 1-52 所示。

图 1-52　枪型摄像头实时界面

（2）单击"打开警示灯"或者"关闭警示灯"按钮，三色灯亮起或关闭，如图 1-53 所示。

（3）单击"打开蜂鸣器"或者"关闭蜂鸣器"按钮，若蜂鸣器发出响声或者关闭声响，则表示调试成功。蜂鸣器内置在三色灯内，故看不到。

步骤 5：终止调试程序。调试完后需要终止调试程序，在 Xshell 命令窗口中按"Ctrl+C"快捷键即可终止调试程序。

【任务检查与评价】

完成任务实施后，进行任务检查与评价，任务检查与评价表存放在本书配套资源中。

【任务小结】

本任务首先介绍了 6 个硬件设备的基础知识，包括 AI 边缘网关、枪型摄像头、路由器、触摸屏、数字量 I/O 模块、三

图 1-53　三色灯亮起

色灯；然后简要介绍了 Xshell 和 Xftp，以及用到的 SSH 通信协议和 SFTP 文件传输协议；最后结合任务要求讲解了设备的安装、连接、配置与调试。

通过本任务，读者可掌握安装连接并配置调试智慧社区公共区域安防系统设备的技能。本任务的知识技能思维导图如图 1-54 所示。

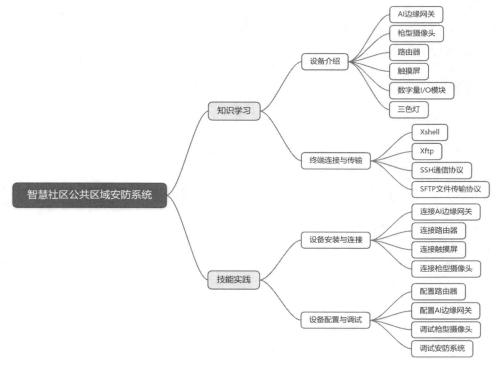

图 1-54　知识技能思维导图

【任务拓展】

（1）在任务实施中的设备安装与连接的步骤中，将触摸屏连接到 AI 边缘网关时总共连接了两条线，分别是 HDMI 线和 MicroUSB 线。请问这两条线分别起到什么作用？

（2）在任务实施中使用 Xftp 软件将配套的代码从本地上传到 AI 边缘网关，请尝试使用 Xftp 软件下载 AI 边缘网关上的任意文件到本地计算机。

任务二　智慧社区门禁系统

【职业能力目标】

- 能够根据设备连接拓扑图安装并连接智能人脸一体机；
- 能够根据要求配置智能人脸一体机和 AI 边缘网关的其他参数；
- 能够根据要求调试人脸识别门禁功能。

【任务描述与要求】

任务描述：

为社区设计智慧门禁系统功能，用户可在智能人脸一体机上刷脸开启门锁。

任务要求：

- 完成智能人脸一体机和电子锁的安装和连接；
- 配置智能人脸一体机和 AI 边缘网关，使两者能互相通信；
- 上传配套代码至 AI 边缘网关，调试人脸识别门禁系统功能。

【任务分析与计划】

根据所学相关知识，请制订本任务的实施计划，如表 1-10 所示。

表 1-10　任务计划表

项目名称	智慧社区设备安装与调试
任务名称	智慧社区门禁系统
计划方式	自行设计
计划要求	请用 8 个计划步骤来完整描述如何完成本任务
序号	任务计划
1	
2	
3	
4	
5	
6	
7	
8	

【知识储备】

本任务涉及的智能人脸一体机、电子锁、AI 边缘网关等硬件设备是建设智慧社区门禁系统的常用设备。智能人脸一体机将负责人脸识别，并可通过程序控制来开启或关闭电子锁。此套设备可安装于社区入口，实现智慧社区门禁系统。

本任务的知识储备主要介绍硬件设备的相关知识。

1. 智能人脸一体机

人脸识别是数字信息发展中的一种生物特征识别技术，通过摄像机采集含有人脸的图像或者视频流，并自动在图像中检测和跟踪人脸，进而对检测到的人脸进行人脸定位、人脸识别预处理、记忆存储和比对，从而达到识别不同人身份的目的。智能人脸一体机还具备人脸注册、人脸库管理、联动控制及网络设置等功能。智能人脸一体机如图 1-55 所示。智能人脸一体机设备参数如表 1-11 所示。

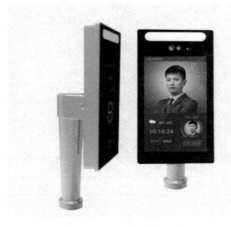

图 1-55 智能人脸一体机

表 1-11 智能人脸一体机设备参数

	显示屏	7 寸 IPS 屏（1024 像素×600 像素），触摸屏
硬件规格	补光灯	LED 柔光灯
	接口	100Mbps 网络接口×1、韦根输出×1、韦根输入×1、RS485×1、告警输入×2、I/O 输出×1、音频输入×1、音频输出×1、USB×1
	识别率	大于 99%
	活体检测	支持活体检测，可防止照片、手机图片、视频等非活体攻击
人脸识别	识别速度	最快 0.2s
	常用核验方式	人脸（1∶N）；人证核验
	人脸库	最高 5 万人脸库，本机记录容量含图片记录 10 万条
	人员管理	支持人员的添加、更新、删除及人员信息查看
设备管理	访客管理	支持访客的添加、更新、删除及访客信息查看
	陌生人管理	支持陌生人检测、陌生人信息上报
	记录管理	支持记录本地保存和实时上传

2．电子锁

电子锁是一种通过密码输入来控制电路或芯片工作（访问控制系统），从而控制机械开关的闭合，完成开锁、闭锁任务的电子产品。它的种类很多，有简易的电路产品，也有基于芯片的性价比较高的产品。现在应用较广的电子密码锁是以芯片为核心，通过编程来实现的。电子锁在安全技术防范领域，使用具有防盗报警功能的电子密码锁代替传统的机械式密码锁，克服了机械式密码锁密码量少、安全性能差的缺点，使密码锁无论在技术上还是在性能上都有很大的提升。电子锁如图 1-56 所示。电子锁设备参数如表 1-12 所示。

图 1-56　电子锁

表 1-12　电子锁设备参数

主要规格	供电电压	12V
	使用电流	0.4A
	通电时间	可长时间通电
	安全类型	通电缩回，断电弹出
硬件规格	锁舌行程	7mm
	锁舌吸力	≤0.5N（50g）
	尺寸	55mm×38mm×2mm

【任务实施】

一、设备安装与连接

智慧社区门禁系统设备如表 1-13 所示。

表 1-13　智慧社区门禁系统设备

序号	设备名称	数量	是否准备到位（√）
1	路由器	1	
2	AI 边缘网关	1	
3	触摸屏	1	
4	智能人脸一体机	1	
5	数字量 I/O 模块	1	
6	电子锁	1	

智慧社区门禁系统设备连接拓扑图如图 1-57 所示。

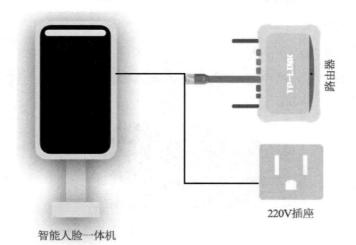

图 1-57　智能社区门禁系统设备连接拓扑图

连接智能人脸一体机的步骤如下。

步骤 1：连接电源。将 12V 3A 电源适配器一端连接至智能人脸一体机电源接口，将 12V 3A 电源适配器另一端插在 220V 插座。智能人脸一体机电源适配器如图 1-58 所示，智能人脸一体机电源接口如图 1-59 所示。

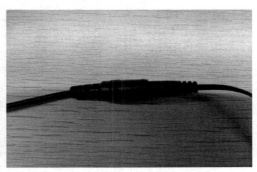

图 1-58　智能人脸一体机电源适配器　　　　图 1-59　智能人脸一体机电源接口

步骤 2：连接网线。将网线一端连接至智能人脸一体机网络接口，将网线另一端连接至路由器 LAN 口，如图 1-60 所示。

图 1-60　智能人脸一体机网络接口

二、设备配置与调试

1. 配置智能人脸一体机

步骤 1：查看 IP 地址。给智能人脸一体机通电，智能人脸一体机会自动开机。开机后智能人脸一体机 IP 地址会显示在屏幕左下方，如图 1-61 所示。

图 1-61　智能人脸一体机 IP 地址

步骤 2：进入智能人脸一体机后台管理系统登录页面。在计算机上使用浏览器（务必使用 IE 浏览器）输入智能人脸一体机屏幕左下方的 IP 地址，进入智能人脸一体机后台管理系统登录页面，如图 1-62 所示。

图 1-62　智能人脸一体机后台管理系统登录页面

步骤 3：安装控件。若是第一次登录，则在页面左上角会看到下载控件的提示，如图 1-63 所示，单击"下载"超链接，下载控件。下载完后，在弹窗中单击"运行"按钮安装控件，如图 1-64 所示。若单击"运行"按钮，浏览器没有自动打开安装程序，则可以单击"保存"按钮，将安装文件保存至本地再进行安装。可能会遇到"无法验证 Setup.exe 的发布者……"的提示，直接单击"运行"按钮即可，如图 1-65 所示。

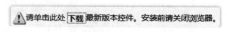

图 1-63　下载控件

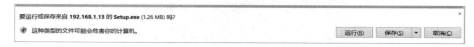

图 1-64　安装控件 1

图 1-65　安装控件 2

步骤 4：允许运行加载项。如果网页提示"此网页想要运行以下加载项……"，则单击"允许"按钮，如图 1-66 所示。

图 1-66　允许运行加载项

步骤 5：登录智能人脸一体机后台管理系统。单击"允许"按钮后，若浏览器没有自动刷新页面，则手动刷新。刷新之后会进入智能人脸一体机后台管理系统登录页面，不再有其他提示，输入用户名"admin"，密码"123456"，单击"登录"按钮，如图 1-67 所示。若出现流畅的视频画面，则说明智能人脸一体机调试成功，如图 1-68 所示。

图 1-67　智能人脸一体机后台管理系统登录页面

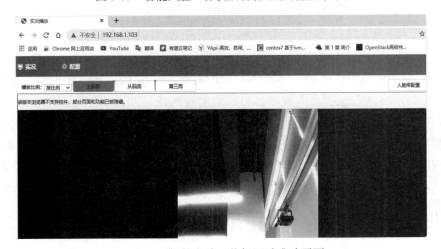

图 1-68　智能人脸一体机调试成功页面

步骤 6：恢复出厂设置。在开始配置之前需要先进行还原操作，消除之前配置的干扰。单击"配置"→"系统管理"→"维护"按钮，勾选"不保留网络配置和用户配置，完全恢复到出厂设置"复选框，在弹出的提示框中单击"确定"按钮，接着单击"恢复默认"按钮，在弹出的提示框中单击"确定"按钮，如图 1-69 所示。之后智能人脸一体机会进行重启，由于出厂设置的状态是自动获取 IP 地址，重启后智能人脸一体机的 IP 地址会发生改变，原先界面会一直处于断连状态，需要根据智能人脸一体机屏幕左下角显示的最新 IP 地址重新登录智能人脸一体机后台管理系统。

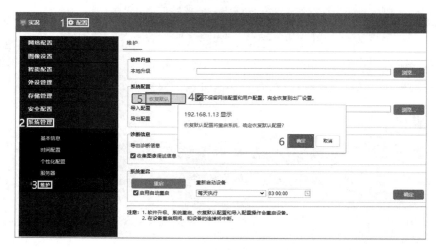

图 1-69　恢复出厂默认设置

步骤 7：配置 IP 地址。在使用中，若设备是自动获取 IP 地址的，则容易导致设备之间通信异常，为了避免智能人脸一体机的 IP 地址发生变动，需要配置固定的 IP 地址，而 IP 地址必须要和路由器在同一个网关下，教学中路由器的网关地址是"192.168.1.1"，智能人脸一体机的 IP 地址统一固定为"192.168.1.13"。单击"配置"→"网络配置"→"网口设置"按钮，将"获取 IP 方式"设置为"静态地址"，"IP 地址"设置为"192.168.1.13"，"子网掩码"设置为"255.255.255.0"，"默认网关"设置为"192.168.1.1"，设置完成后单击"保存"按钮，在弹出的提示框中单击"确定"按钮，如图 1-70 所示。

步骤 8：重新登录智能人脸一体机后台管理系统。在 IE 浏览器中输入修改后的 IP 地址"192.168.1.13"，重新登录智能人脸一体机后台管理系统，如图 1-71 所示。

步骤 9：配置服务器接口。由于 AI 边缘网关端提供服务器接口，用来接收智能人脸一体机的消息推送，所以需要在智能人脸一体机配置服务器接口。单击"配置"→"系统管理"→"服务器"按钮，将"服务器地址"设置为"192.168.1.12"，"服务器端口"设置为"8099"，"平台通信类型"设置为"LAPI 长连接 V2"，设置完成后单击"保存"按钮，如图 1-72 所示。

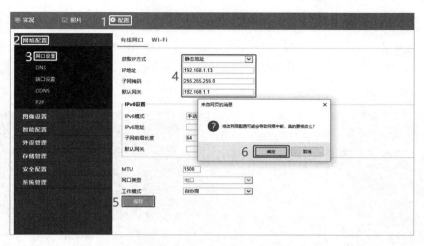

图 1-70　配置 IP 地址

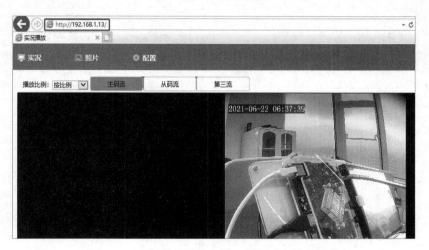

图 1-71　重新登录智能人脸一体机后台管理系统

图 1-72　配置服务器接口

2. 配置 AI 边缘网关

AI 边缘网关的门禁接口地址要与智能人脸一体机的 IP 地址一致，若不一致，则需要在开发模式下单击"设置"→"服务接口设置"按钮，将门禁接口地址设置为智能人脸一体机的 IP 地址，如图 1-73 所示。

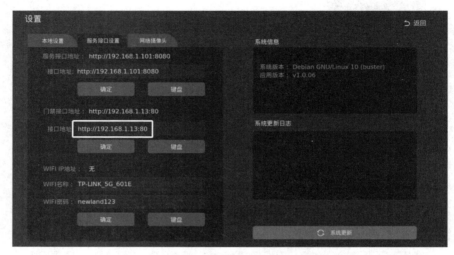

图 1-73　配置门禁接口地址

3. 调试门禁系统

步骤 1：添加人脸数据。在计算机上用 IE 浏览器登录智能人脸一体机后台管理系统，单击"配置"→"智能配置"→"人脸库"→"添加"按钮，如图 1-74 所示。在弹出的"添加人脸信息"对话框中输入编号和姓名，如"211"，并上传本人照片，如图 1-75 所示。照片可以通过计算机自带的相机功能拍摄，照片仅支持 jpg 格式，大小在 10～512KB 之间。上传成功后，在人脸库界面可以看到人脸相关信息，如图 1-76 所示。

图 1-74　添加人脸数据界面

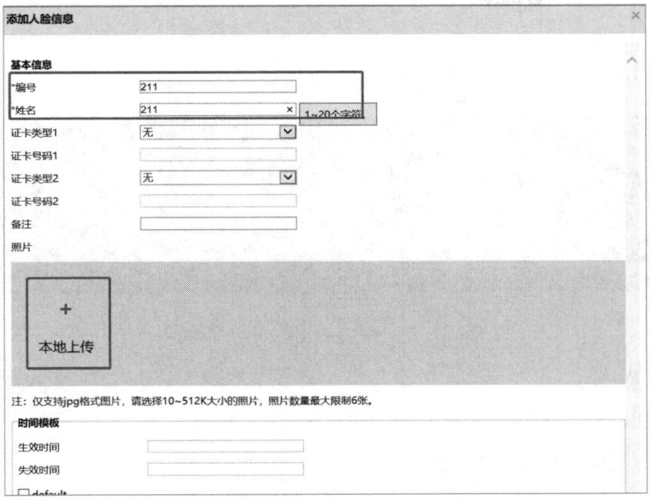

图 1-75　"添加人脸信息"对话框

图 1-76　人脸库中的人脸信息

步骤 2：运行调试代码。用 Xftp 将配套资源里的 "..\项目一\face_detect_debug" 文件夹上传到 AI 边缘网关的 "/home/nle" 目录下；用 Xshell 执行 "cd /home/nle/face_detect_debug/" 命令，切换目录至 face_detect_debug 文件夹；执行 "sudo python3 main.py" 命令，使用超级管理员权限执行 "main.py" 中的调试代码，若弹出密码输入提示，则输入密码 "nle"，输完按回车键即可执行调试代码，执行成功后结果如图 1-77 所示。

```
#切换目录至 face_detect_debug 文件夹
cd /home/nle/face_detect_debug/
#使用超级管理员权限执行调试代码
sudo python3 main.py
```

```
nle@debian10:~$ cd face_detect_debug/
nle@debian10:~/face_detect_debug$ sudo python3 main.py
[sudo] password for nle:
QStandardPaths: XDG_RUNTIME_DIR not set, defaulting to '/tmp/runtime-root'
2021 06 22 17 00 12 2
时间同步成功，门禁连接成功
请输入员工编号：
```

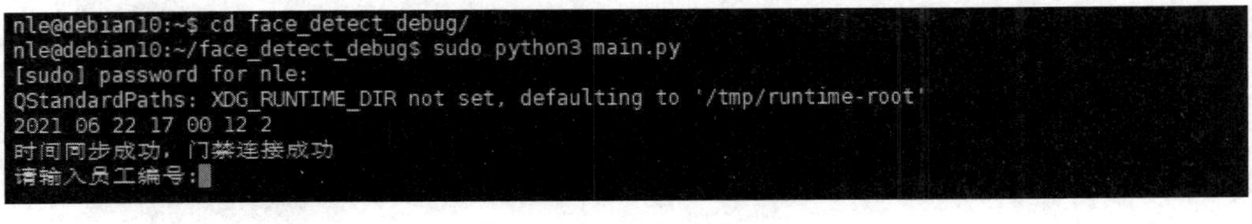

图 1-77　调试门禁代码

步骤 3：输入员工编号。输入员工编号"211"并按回车键后，出现连接客户端的 IP 地址，代码启动成功，如图 1-78 所示。

```
nle@debian10:~/face_detect_debug$ sudo python3 main.py
QStandardPaths: XDG_RUNTIME_DIR not set, defaulting to '/tmp/runtime-root'
2021 04 23 11 08 42 5
时间同步成功，门禁连接成功
请输入员工编号:211
服务器启动，监听客户端链接
链接的客户端 ('192.168.1.13', 38885)
```

图 1-78　连接客户端的 IP 地址

步骤 4：人脸识别。正对智能人脸一体机进行人脸识别，当识别成功时，伴有"识别成功"语音播报，同时执行开锁动作，并在触摸屏输出相应调试信息即调试成功，如图 1-79 所示。若门锁没有开锁，则执行步骤 5，否则转至步骤 6。

```
nle@debian10:~/face_detect_debug$ sudo python3 main.py
QStandardPaths: XDG_RUNTIME_DIR not set, defaulting to '/tmp/runtime-root'
2021 04 23 11 08 42 5
时间同步成功，门禁连接成功
请输入员工编号:211
服务器启动，监听客户端链接
链接的客户端 ('192.168.1.13', 38885)
门锁打开成功
门锁自动关闭
```

图 1-79　人脸识别开锁成功

步骤 5：删除图片缓存。在没运行调试代码前，若智能人脸一体机没有被东西遮挡摄像头，则其对着人脸会持续采集人脸数据并存储在缓存中，会影响门锁开锁。登录智能人脸一体机后台管理系统，单击"照片"按钮，勾选 IP 文件夹复选框，单击"删除"按钮，在弹出的对话框中单击"确定"按钮删除图片缓存，如图 1-80 所示，之后重新运行调试代码，对着智能人脸一体机进行人脸识别。

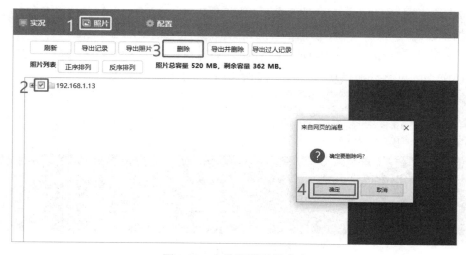

图 1-80　人脸识别开锁成功

步骤 6：终止调试程序。调试完后需要终止调试程序，在 Xshell 命令窗口中按"Ctrl+C"快捷键即可终止调试程序。

【任务检查与评价】

完成任务实施后，进行任务检查与评价，任务检查与评价表存放在本书配套资源中。

【任务小结】

本任务首先介绍了两个硬件设备的基础知识，包括智能人脸一体机和电子锁；然后结合任务要求讲解了设备的安装、连接、配置与调试。

通过本任务，读者可掌握安装、连接并配置、调试智慧社区门禁系统设备的技能。本任务的知识技能思维导图如图 1-81 所示。

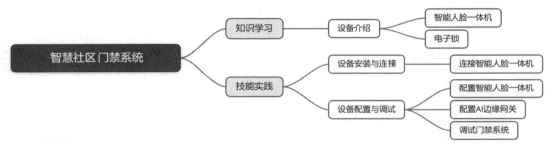

图 1-81　知识技能思维导图

【任务拓展】

请说出智能人脸一体机和 AI 边缘网关在智慧社区门禁系统中分别实现了什么功能。

任务三　智能家居系统

【职业能力目标】

- 能够根据设备连接拓扑图连接语音采集播放设备；
- 能够根据要求调试智能家居系统功能。

【任务描述与要求】

任务描述：

为家庭设计智能家居系统功能，当光度小于一定数值时，三色灯会自动亮起，并且用户可通过语音打开或关闭风扇。

任务要求：

- 根据指示安装并连接语音采集播放设备；
- 上传配套代码至 AI 边缘网关，调试智能家居系统功能。

【任务分析与计划】

根据所学相关知识，请制订本任务的实施计划，如表 1-14 所示。

表 1-14 任务计划表

项目名称	智慧社区设备安装与调试
任务名称	智能家居系统
计划方式	自行设计
计划要求	请用 6 个计划步骤来完整描述如何完成本任务
序号	任务计划
1	
2	
3	
4	
5	
6	

【知识储备】

本任务涉及的语音采集播放设备、光照度变送器、AI 边缘网关等硬件设备是建设智能家居系统的常用设备。语音采集播放设备被用于采集家庭成员的语音指令和播放提示音，以实现智能家居（如智能风扇）等功能。光照度变送器可用于检测环境光照强度以调整室内灯光的亮度。

本任务的知识储备主要介绍硬件设备的相关知识。

1. 语音采集播放设备

随着科技的发展，语音识别技术有着非常广泛的应用领域和市场前景（装有语音识别模块的产品，当通电以后，芯片会进入识别状态，这时候我们可以通过语音进行各种指令工作。例如，现在流行的智能语音音响，当对音响说出需要干什么时，如播放音乐、听广播等，这些经过语音识别后，智能语音音响就可以播放出来。而大量的语言、音频数据是实现语音识别模块的条件。

语音获取有多种方式，比如：

（1）直接获取已有音频数据，可以在网上查找下载；

（2）利用音频处理软件捕获、截取，如剥离视频中的声音，或从音频中截取一段声音；

（3）利用传声器录制。

图 1-82 语音采集播放设备

语音采集播放设备广泛地应用于视频会议、远程教学等场合。图 1-82 所示的语音采集播放设备内置高功率中低音扬声器，内建智能 DSP 芯片全双工回音处理引擎，双向回音消除、自动过滤背景噪声，使得音频清晰不受杂音干扰。语音采集播放设备参数如表 1-15 所示。

表 1-15   语音采集播放设备参数

硬件规格	按键	音量控制钮、USB 电源开关、传声器静音开关
	传声器	全指向性传声器
	扬声器	4Ω，8W
主要规格	操作电压	4.5～5.5V
	温度/湿度	0～60℃，0%～95% RH
	声音取样频率	32kHz，支持 AGC
	回音消除	高于 58dB

2. 光照度变送器

随着照明系统应用场合的不断变化，应用情况也逐步复杂和丰富多彩，仅靠简单的开关控制已不能完成所需要的控制，要求照明控制也应随之发展和变化，以满足实际需求。使用光照度变送器可以实现对光照度进行检测，实现照明控制。

光照度变送器是将光照度大小转换成电信号的一种传感器，输出数值的计量单位为Lux。光照度变送器在多个行业中都有一定的应用，如智能家居、农业大棚、街道路灯及自动化气象站等，用于环境光照度监测。光照度变送器如图 1-83 所示。光照度变送器设备参数如表 1-16 所示。

图 1-83   光照度变送器

表 1-16   光照度变送器设备参数

主要规格	测量参数（单位）	光照强度（Lux）
	工作温度/湿度	温度：−30～70℃，湿度：10%～90% RH
	储存温度/湿度	温度：−40～80℃，湿度：10%～90%RH
	准确度	±3% FS
	非线性	≤0.2% FS
	时间	稳定时间：通电后 1s，响应时间：＜1s

3. 迷你风扇

风扇在各个领域都有一定的应用，如工厂的生产设备中的工业散热风扇、计算机散热风扇为 CPU 进行散热等。智能控制风扇能够提高用户体验，节约成本。迷你风扇由 USB接口供电，主要部件是交流电动机，通电线圈在磁场中受力而转动，电能驱动电动机带动扇叶旋转出风。

本项目中，使用迷你风扇模拟实际应用中的风扇，通过语音采集播放设备发出相应指令，对风扇执行开启或关闭的动作。迷你风扇如图 1-84 所示。迷你风扇设备参数如表 1-17 所示。

图 1-84　迷你风扇

表 1-17　迷你风扇设备参数

主要规格	工作电压	DC 5V
	工作电流	0.09～0.25A
	转速	3000～4000RPM
	风量	24.42～34.18CFM
	导线	UL 认证线材，红色导线正极（+），黑色导线负极（−）
	允许的环境温度范围	−10～70℃（作业），−40～70℃（存储）

【任务实施】

一、设备安装与连接

智能家居系统设备如表 1-18 所示。

表 1-18　智能家居系统设备

序号	设备名称	数量	是否准备到位（√）
1	路由器	1	
2	AI 边缘网关	1	
3	触摸屏	1	
4	光照度变送器	1	
5	数字量 I/O 模块	1	
6	语音采集播放设备	1	
7	迷你风扇	1	

智能家居系统设备连接拓扑图如图 1-85 所示。

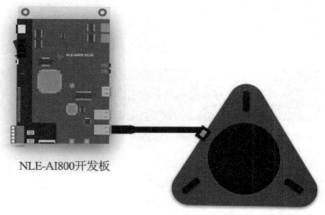

NLE-AI800开发板

音频输入/输出

图 1-85 智能家居系统设备连接拓扑图

连接语音采集播放设备的方法如下。

将 USB 线的 MiniUSB 接口与语音采集播放设备相连，将 USB 线的另一端与 AI 边缘网关的 USB 接口相连，如图 1-86 所示。

图 1-86 AI 边缘网关连接语音采集播放设备

二、设备配置与调试

调试智能家居系统的步骤如下。

步骤 1：运行调试代码。用 Xftp 将配套资源里的"..\项目一\smart_home_debug"文件夹上传到 AI 边缘网关的"/home/nle"目录下；用 Xshell 执行"cd /home/nle/smart_home_debug/"命令切换目录至 smart_home_debug 文件夹；执行"sudo python3 main.py"命令，使用超级管理员权限执行"main.py"中的调试代码，如果弹出密码输入提示，输入密码"nle"，输完后按回车键即可执行调试代码，如图 1-87 所示，执行成功后触摸屏界面如图 1-88 所示。

```
#切换目录至 smart_home_debug 文件夹
cd /home/nle/smart_home_debug/
#使用超级管理员权限执行调试代码
sudo python3 main.py
```

```
nle@debian10:~$ cd /home/nle/smart_home_debug/
nle@debian10:~/smart_home_debug$ sudo python3 main.py
[sudo] password for nle:
QStandardPaths: XDG_RUNTIME_DIR not set, defaulting to '/tmp/runtime-root'
```

图 1-87   AI 边缘网关连接语音采集播放设备

图 1-88   执行智能家居系统应用的触摸屏界面

步骤 2：获取光照度数值。在触摸屏上单击"获取光照度"按钮，开始光照度实时监测，并输出光照度数值，如图 1-89 所示。

图 1-89   实时监测并输出光照度

步骤 3：降低光照度。用手遮挡光照度变送器，当数值低于 100 时，三色灯亮起，如图 1-90 所示。

步骤 4：输入语音指令。单击"开始语音识别"按钮，触摸屏下方显示提示语，如图 1-91 所示。按照提示语对着语音采集播放设备说出指令"打开风扇"或者"关闭风扇"，算法开始识别内容，并对风扇执行相应动作，若风扇打开或者关闭，则说明设备调试成功。

步骤 5：终止调试程序。调试完后需要终止调试程序，在 Xshell 命令窗口中按"Ctrl+C"快捷键即可终止调试程序。

图 1-90　光照度低于阈值时三色灯亮起

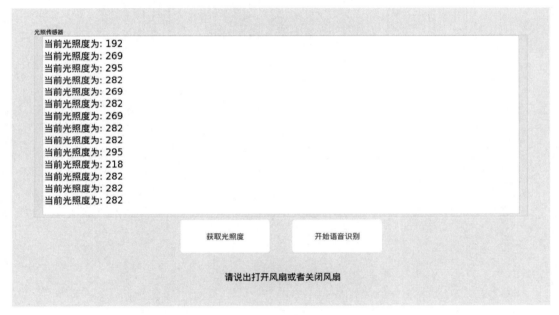

图 1-91　语音指令提示语

【任务检查与评价】

完成任务实施后，进行任务检查与评价，任务检查与评价表存放在本书配套资源中。

【任务小结】

本任务首先介绍了 3 个硬件设备的基础知识，包括语音采集播放设备、光照度变送器、迷你风扇；然后结合任务要求讲解了设备的安装、连接、配置与调试。

通过本任务，读者可掌握安装连接并配置、调试智能家居系统设备的技能。本任务的知识技能思维导图如图 1-92 所示。

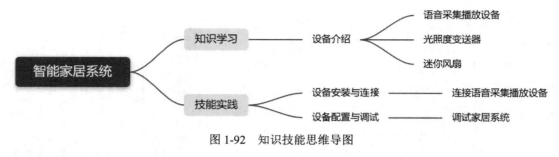

图 1-92　知识技能思维导图

【任务拓展】

智能家居系统中使用的设备，如光照度变送器、语音采集播放设备等还能用于哪些其他的场景呢？

项目二
智慧校园应用系统部署

【引导案例】

智慧校园服务是指通过利用各种智能技术和边缘智能设备，整合学校现有的各类服务资源，为校内师生提供教育、学习、无人超市及安全门禁等多种便捷服务的模式。从应用方向来看，智慧校园应实现"以智慧课堂提高教学效率、改善学生学习环境，以智慧无人超市打造智能生活，以人脸识别、车牌识别门禁保证校内师生安全"的目标。

本项目将带着大家部署智慧校园应用系统，主要涉及的知识有 Linux 命令、vi 文本编辑器、Python 应用程序、数据库、SQL 语句、Nginx 服务器和 Linux 操作系统下开机自启动脚本配置。智慧校园应用系统部署流程图如图 2-1 所示。

图 2-1 智慧校园应用系统部署流程图

通过学习本项目，读者可以掌握如何在校园中部署人工智能智慧校园应用系统平台，并能够调试设备和配置网络。智慧校园应用系统由 PC 客户端、服务端和边缘端构成，如图 2-2 所示。

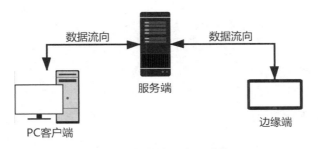

图 2-2 智慧校园应用系统

智慧校园应用系统边缘端使用的硬件设备有 AI 边缘网关、触摸屏、枪型摄像头、智能人脸一体机等，如图 2-3 所示。

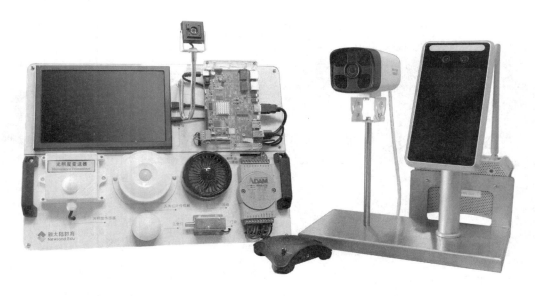

图 2-3　智慧校园应用系统边缘端设备

任务一　智慧校园服务端应用环境准备

【职业能力目标】

- 能够正确设置虚拟机硬件配置并启动 CentOS 系统镜像；
- 能够使用 Linux 命令和 vi 文本编辑器修改 Linux 系统配置文件；
- 能够在 Linux 操作系统下安装 Python3 并搭建虚拟环境。

【任务描述与要求】

任务描述：

要求用户完成智慧校园服务端应用环境准备，任务完成后用户可使用命令进入智慧校园服务端虚拟环境，该环境下已安装智慧校园服务端应用所需的 Python 依赖包。

任务要求：

- 配置并启动 VirtualBox 虚拟机中的系统；
- 配置智慧校园服务端虚拟机的 IP 地址；
- 编译并安装 Python3；
- 搭建 Python3 虚拟环境。

【任务分析与计划】

根据所学相关知识，请制订本任务的实施计划，如表 2-1 所示。

表 2-1　任务计划表

项目名称	智慧校园应用系统部署
任务名称	智慧校园服务端应用环境准备
计划方式	自行设计
计划要求	请用 10 个计划步骤来完整描述如何完成本任务
序号	任务计划
1	
2	
3	
4	
5	
6	
7	
8	
9	
10	

【知识储备】

本任务的主要知识储备介绍：虚拟机及其相关知识、Linux 操作系统及其相关知识、Python 编程语言及其相关知识。

在本任务中，我们将搭建智慧校园服务器，并在服务器中搭建运行智慧校园服务端应用所需使用的环境。在开始介绍具体的操作步骤知识之前，先通过图 2-4 理解智慧校园服务端的主要构成成分。

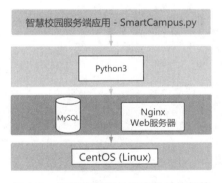

图 2-4　智慧校园服务端应用系统架构

从图 2-4 中可以看到，智慧校园服务端应用运行的环境为 CentOS，属于 Linux 发行版之一。还可以看到，智慧校园服务端应用是通过 Python3 运行的，并且需要 MySQL 数据库和 Nginx 服务器作为智慧校园服务端应用的依赖。MySQL 数据库用于存放用户数据，Nginx 服务器将作为反向代理的 Web 服务器。

本任务的主要目标是智慧校园服务端应用环境的准备，即搭建 Python3 环境，并在该环境中安装、启动智慧校园服务端应用所需使用的 Python 依赖包。在本项目任务二中，将对数据库及 Nginx 服务器进行配置，使智慧校园服务端应用可以运行在智慧校园服务端上。

一、虚拟机及其相关知识

本项目的服务端应用将运行在 Linux 操作系统中。本教材采用虚拟机的方式介绍如何在 Linux 操作系统中部署环境并运行服务端应用。虚拟机的最大优势之一是可以在同一台计算机上模拟多台不同系统的计算机，而不需要多台实体的物理的计算机。对于本项目来说，选用虚拟机的方式搭建智慧校园服务器，主要有以下几个优点。

- 方便读者学习在 Linux 操作系统下搭建服务器的命令操作和基本流程。
- 当遇到前置安装配置的操作出错时，可以使用教材配套资料中的镜像继续完成后续步骤的操作和学习。
- 当需要在实体服务器上部署应用时，搭建、配置 Linux 操作系统的操作步骤与虚拟机中的操作步骤一致。

在任务实施的过程中，将会使用两台虚拟机，分别为 SmartCampusVm 和 Nexus。SmartCampusVm 虚拟机为智慧校园服务端虚拟机，Nexus 则为仓库镜像虚拟机，如图 2-5 所示。在此先对虚拟机的功能及特点做基本的介绍。

图 2-5　SmartCampusVm 与 Nexus

1. 虚拟机概述

虚拟机（Virtual Machine）是指通过软件模拟的具有完整硬件系统功能的、运行在一个完全隔离环境中的完整计算机系统。在实体机中能够完成的工作在虚拟机中都能够实现。

在计算机中创建虚拟机时，需要将实体机的部分硬盘和内存容量作为虚拟机的硬盘和内存容量。每个虚拟机都有独立的 CMOS、硬盘和操作系统，可以像使用实体机一样对虚拟机进行操作。

从图 2-6 中可以看到，在虚拟机软件中，可以对虚拟机进行硬件的设置。可以配置的选项包括虚拟机硬盘存储空间、处理器核心数、内存和显存大小、网卡的数量及连接方式。在实施过程中设置虚拟机配置时需要注意的是内存大小的设置及虚拟机网卡的连接方式。

图 2-6　虚拟硬件设置界面

2. 常用虚拟机

（1）VMware：可以在一台机器上同时运行两个或更多的 Windows、DOS、Linux 操作系统，其图标如图 2-7 所示。

（2）Oracle VM VirtualBox（以下简称"VirtualBox"）：为开源免费的虚拟机软件，适用于企业和家庭，其图标如图 2-8 所示。

图 2-7　VMware 的图标

图 2-8　VirtualBox 的图标

（3）Parallels Desktop：是适用于 macOS 平台上的虚拟机解决方案，支持一台 Mac 计算机能随时访问 Windows 和 Mac 两个系统上的众多应用程序，两个系统间可以实现文件互传、素材共用，其图标如图 2-9 所示。

（4）Virtual PC：支持在一个工作站中同时运行多个 PC 操作系统，可提供多个不同的环境以保证安全性和兼容性，其图标如图 2-10 所示。

图 2-9　Parallels Desktop　　　　　　图 2-10　Virtual PC 的图标

（5）VMLite：支持虚拟机应用融合功能，即安装在虚拟机中的软件可以从本地的"开始"菜单中打开，运行虚拟机中的应用程序如同在实体机上运行，其图标如图 2-11 所示。

图 2-11　VMLite 的图标

3．VirtualBox 虚拟机

本任务将用到 VirtualBox 虚拟机来加载智慧校园服务端的系统镜像和 Nexus 仓库（Repository）镜像。仓库镜像中存放着 yum 和 pip 软件包管理器需要使用的软件包。

VirtualBox 是一款功能强大的 x86 和 AMD64/Intel64 虚拟机，适用于企业和家庭使用。VirtualBox 对企业客户来说是功能极其丰富的高性能产品，并且是符合 GNU 通用公共许可证（GPL）标准的开源软件，为企业和个人免费提供了专业解决方案。

VirtualBox 支持运行在 Windows、Linux、Macintosh 和 Solaris 主机上，使用者可以在 VirtualBox 上安装并且运行 Solaris、Windows、DOS、Linux、OS/2 Warp、BSD 等操作系统。

二、Linux 操作系统及其相关知识

1．Linux 操作系统

Linux 全称为 GNU/Linux，是一套免费使用和自由传播的类 Unix 操作系统，是一个基于 POSIX 的多用户、多任务、支持多线程和多 CPU 的操作系统，其图标如图 2-12 所示。伴随着互联网的发展，Linux 操作系统得到了来自全世界软件爱好者、组织、公司的支持。它除了在服务器方面保持着强劲的发展势头，在 PC、嵌入式系统上都有着长足的进步。使用者不仅可以直观地获取该操作系统的实现机制，而且可以根据自身的需要来修改完善

Linux 操作系统，使其最大化地适应用户的需要。

图 2-12 Linux 操作系统的图标

Linux 操作系统不仅系统性能稳定，而且是开源软件。其核心防火墙组件性能高效、配置简单，保证了系统的安全。在很多企业网络中，为了追求速度和安全，Linux 操作系统不仅仅被网络运维人员当作服务器使用，甚至当作网络防火墙，这是 Linux 操作系统的一大亮点。

Linux 操作系统具有开放源码、没有版权、技术社区用户多等特点。开放源码使得用户可以自由裁剪，灵活性高，功能强大，成本低。尤其系统中内嵌网络协议栈，经过适当的配置就可实现路由器的功能。这些特点使得 Linux 操作系统成为开发路由交换设备的理想开发平台。

2．Linux 命令

在任务实施过程中将会使用 Linux 命令修改智慧校园服务端虚拟机的 IP 地址、编译安装 Python3，在此先对 Linux 命令做简单介绍。

Linux 命令是对 Linux 操作系统进行管理的命令。对于 Linux 操作系统来说，无论是中央处理器、内存、磁盘驱动器、键盘、鼠标，还是用户等都是文件，Linux 操作系统管理的命令是它正常运行的核心，与 DOS 命令类似。Linux 命令在系统中有两种类型：基本命令和文件操作命令。

1）基本命令

① ls：显示目录文件名。

"ls"就是"list"的缩写，默认 ls 命令用来打印当前目录的清单。如果 ls 命令指定其他目录，那么就会显示指定目录里的文件及文件夹清单。通过 ls 命令不仅可以查看 Linux 文件夹包含的文件，在后面跟不同的参数还可以查看文件（包括目录、文件夹、文件）、查看目录信息等，如 ls -l 命令。

查看当前路径下的文件，命令如下：

```
ls
```

② cd：切换目录。

cd（change directory）命令用于切换当前工作目录。其中目录名可为绝对路径或相对路径。若目录名称省略，则切换到使用者的 home 目录。另外，~ 也表示 home 目录，. 表示目前所在的目录，.. 表示目前目录位置的上一层目录。

切换到"SmartCampus"目录，命令如下：

```
cd /SmartCampus
```

切换到上级目录，命令如下：

```
cd ..
```

③ reboot now：立即重启系统。

④ ip：Linux ip 命令与 ifconfig 命令类似，但比 ifconfig 命令更加强大，主要用于显示或设置网络设备。

查看 IP 地址，命令如下：

```
ip a
```

⑤ systemctl restart network：重启网络设置。

⑥ 按住键盘上的 Ctrl 键之后再按 C 键可停止正在进行的进程。

⑦ ps -ef|grep python3：查看后台运行的 Python3 进程。

⑧ kill -9 （进程 pid），如 kill -9 1073：强制停止系统中正在运行的进程，进程 pid 号可通过查看后台进程获得。

⑨ sudo：Linux sudo 命令以系统管理者的身份执行指令，也就是说，由 sudo 执行的指令就好像 root 亲自执行。

⑩ ping 192.168.56.101 -c 5：检查 IP 地址为 192.168.56.101 的网络是否正常，"-c 5"表示 ping 五次。

2）文件操作命令

① cat：显示指定文件文本内容。

cat 命令的用途是连接文件或标准输入并打印。这个命令常用来显示文件内容，或者将几个文件连接起来显示，或者从标准输入读取内容并显示，它常与重定向符号配合使用。

显示当前路径下"usr.bak"文件的内容，命令如下：

```
cat usr.bak
```

② ./config：运行当前路径下的"config"文件。

③ mkdir：创建目录。

创建 data 文件，此命令中"-p"的作用是：若该目录下不存在"root"文件夹，则建立一个，命令如下：

```
mkdir -p /root/data
```

④ cp：复制文件或目录。

从路径"/usr"下复制文件 a 到路径"/etc"下，新文件名为 b，命令如下：

```
cp /usr/a /etc/b
```

复制文件夹"/usr/bin/test1"到"/usr/bin/test2"，命令如下：

```
cp -r /usr/bin/test1 /usr/bin/test2
```

⑤ mv：为文件或目录改名，或将文件或目录移入其他位置。

将路径"/usr/bin/"下的"python"文件夹移动到"/usr/bin/"文件夹下，新文件夹名为"python.bak"。由于移动前后的路径相同，该命令等于把路径"/usr/bin/"下的"python"文件夹重命名为"python.bak"，命令如下：

```
mv /usr/bin/python /usr/bin/python.bak
```

⑥ chmod：控制用户对文件权限的命令。

Linux/UNIX 的文件调用权限分为三级：文件所有者（Owner）、用户组（Group）、其他用户（Other Users），如图 2-13 所示。

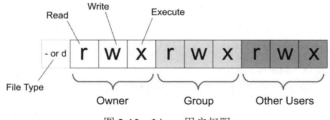

图 2-13 Linux 用户权限

只有文件所有者和超级用户可以修改文件或目录的权限。可以使用绝对模式（八进制数字模式）、符号模式指定文件的权限。

修改当前目录下文件"mysqld"的执行权限为可执行权限，命令如下：

```
chmod +x ./mysqld
```

⑦ rm：删除一个文件或者目录。

删除文件可以直接使用 rm 命令，若删除目录则必须配合选项"-r"。

删除"test.txt"文件，命令如下：

```
rm test.txt
```

删除"/SmartCampus"文件夹，命令如下：

```
rm -r /SmartCampus
```

3. yum 软件包管理器

在为智慧校园服务端安装 Python3 前置依赖包的过程中将用到 yum 软件包管理器。在此先对 yum 软件包管理器做简单介绍。

yum 是一个在 CentOS、Fedora 及 RedHat 系统中的 Shell 前端软件包管理器。基于 RPM 包管理，可以从指定的服务器自动下载 RPM 包并且安装，可以自动处理依赖性关系，并且一次安装所有依赖的软件包，无须烦琐地一次次下载、安装。

通过 yum 软件包管理器安装 GCC 编译器套件，命令如下：

```
yum install gcc
```

安装结果如图 2-14 所示。

```
[root@localhost ~]# yum install gcc
已加载插件: fastestmirror
Loading mirror speeds from cached hostfile
nexus-base                                          | 1.8 kB  00:00
nginx-mainline                                      | 1.4 kB  00:00
nginx-stable                                        | 1.4 kB  00:00
软件包 gcc-4.8.5-44.el7.x86_64 已安装并且是最新版本
无须任何处理
[root@localhost ~]#
```

图 2-14 安装结果

4. vi 文本编辑器

在修改智慧校园服务端虚拟机的 IP 地址和终端默认的 Python 版本、创建 MySQL 配置文件和环境变量时，将会用到 vi 文本编辑器。在此先对 vi 文本编辑器做简单介绍。

vi 文本编辑器是所有 UNIX 及 Linux 操作系统下标准的编辑器，对 UNIX 及 Linux 操作系统的任何版本，vi 文本编辑器是完全相同的。

基本上，vi 文本编辑器可以分为三种状态，分别是命令模式（Command Mode）、插入模式（Insert Mode）和底行模式（Last Line Mode）。当直接用 vi 文本编辑器打开一个文件时，默认在命令模式下，按 i 键才可进入插入模式。按 Esc 键，vi 文本编辑器将返回命令模式。各模式的功能区分如下。

（1）命令模式：界面左下角显示文件名或为空。

在命令模式下，可控制屏幕光标的移动，字符、字或行的删除，移动复制某区段及进入插入模式、底行模式。

（2）插入模式：界面左下角显示"INSERT"。

在命令模式下，按 i 键进入插入模式，利用四个箭头使光标上下左右移动。只有在插入模式下，才可以输入文字，按 Esc 键可返回命令模式。

（3）底行模式：界面左下角显示"VISUAL"。

将文件保存或退出 vi 文本编辑器，也可以设置编辑环境，如寻找字符串、列出行号。

不保存退出的命令为：

```
:q! 加回车键
```

保存退出的命令为：

```
:wq 加回车键
```

使用 vi 文本编辑器打开需要修改的文件 vi /etc/sysconfig/network-scripts/ifcfg-enp0s3，命令如图 2-15 所示，显示结果如图 2-16 所示。

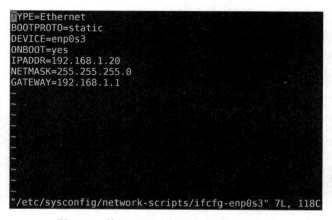

图 2-15　使用 vi 文本编辑器打开配置文件

图 2-16　使用 vi 文本编辑器修改配置文件

5．编译

在给智慧校园服务端安装 Python3 时，使用命令将 Python3 源码进行编译并安装，在此介绍编译程序的相关知识。

简单来说，编译就是把程序员编写的高级程序语言变成计算机可以识别的 0 和 1 的过程。编译程序把一个源程序翻译成目标程序的工作过程分为五个阶段：①词法分析；②语法分析；③语义检查和中间代码生成；④代码优化；⑤目标代码生成。主要是进行词法分析和语法分析，又称为源程序分析，分析过程中发现有语法错误，给出提示信息。

编译语言是一种以编译器来实现的编程语言。它不像直译语言由解释器将代码逐句运行，而是用编译器先将代码编译为机器码，再加以运行。理论上，任何编程语言都可以是编译式的，或是直译式的。它们之间的区别，仅与程序的应用有关。

在 Linux 终端中，可以进入相关源码的目录下使用"make"命令对源码进行编译，使用"make install"命令对源码进行安装，或者使用"make && make install"命令对源码进行编译和安装。

三、Python 编程语言及其相关知识

智慧校园服务端应用使用的开发语言为 Python3，且将被运行在 Python 虚拟环境中，智慧校园服务端应用还需要通过 Python 依赖包才可以启动。此部分将对 Python 编程语言、Python 虚拟环境及 Python 包管理工具 pip 进行介绍。

1．Python 编程语言

Python 是一种解释型、面向对象、动态数据类型的高级程序设计语言，其图标如图 2-17 所示。Python 由荷兰数学和计算机科学研究学会的 Guido van Rossum 于 1989 年年底发明设计，第一个公开发行版发行于 1991 年。Python 提供了高效的高级数据结构，还能简单有效地面向对象编程。Python 语法和动态类型，以及解释型语言的本质，使它成为多数平台上写脚本和快速开发应用的编程语言，随着版本的不断更新和语言新功能的添加，逐渐被用于独立的、大型项目的开发。

图 2-17　Python 的图标

Python 解释器易于扩展，可以使用 C 或 C++（或者其他可以通过 C 调用的语言）扩展新的功能和数据类型。Python 也可用于可定制化软件中的扩展程序语言。Python 丰富的标准库，提供了适用于各个主要系统平台的源码或机器码。像 Perl 语言一样，Python 源代码也遵循 GPL 协议。

2020 年 1 月 1 日停止了 Python2 的更新。Python2.7 被确定为最后一个 Python2.x 版本。

Python 的 3.0 版本，常被称为 Python3000，或简称 Py3k。相对于 Python 的早期版本，这是一个较大的升级。为了不带入过多的累赘，Python3 在设计时没有考虑向下兼容。

在 Linux 命令窗口中，可以通过输入 "python -V" 来查看当前安装的 Python 版本。对于大多数程序语言，第一个入门编程代码便是"Hello World！"。在 Python 中输出"Hello World！"的代码为 print("Hello World！")，如图 2-18 所示。

```
[root@localhost ~]# python
Python 3.6.7 (default, Apr 27 2021, 16:33:27)
[GCC 4.8.5 20150623 (Red Hat 4.8.5-44)] on linux
Type "help", "copyright", "credits" or "license" for more information.
>>> print("Hello World!")
Hello World!
>>>
```

图 2-18　在 Python3 中运行"Hello World！"程序

Python 中单行注释采用 # 开头，多行注释应在注释内容前后分别使用三个单引号(''')或三个双引号(""")。

2．Python 虚拟环境

Python3 中的 venv 模块支持使用自己的站点目录创建轻量级"虚拟环境"，可选择与系统站点目录隔离。每个虚拟环境都有自己的 Python 二进制文件（与用于创建此环境的二进制文件的版本相匹配），并且可以在其站点目录中拥有自己独立的已安装 Python 软件包。

3．Python 包管理工具 pip

pip 是一个现代的、通用的 Python 包管理工具，提供了对 Python 包的查找、下载、安装、卸载的功能。以下为 pip 的一些基础用法。

1）显示 pip 的版本和路径
```
pip --version
```
2）获取 pip 命令帮助
```
pip --help
```
3）安装当前路径下 "requirements.txt" 中包含的 Python 依赖包
```
pip install -r requirements.txt
```
4）升级 pip 版本
```
python -m pip install --upgrade pip
```

【任务实施】

要完成本任务，可以将实施步骤分成以下两步：
- 在 Linux 操作系统下安装 Python3 应用程序；
- 安装 Python 依赖库。

一、配置智慧校园服务端虚拟机

1．安装 VirtualBox 虚拟机

任务要求：安装 VirtualBox 虚拟机并启动验证安装是否成功。

步骤1：双击打开位于"..\项目二\VirtualBox-6.1.18-142142-Win.exe"的虚拟机安装包。

步骤2：在弹出的安装窗口中单击"下一步"按钮，开始安装软件，如图2-19所示。

图2-19　步骤2

步骤3：单击"浏览"按钮选择软件安装安装路径（可安装在默认路径），确定后单击"下一步"按钮，在弹出的窗口中按照默认设置单击"下一步"按钮，如图2-20所示。

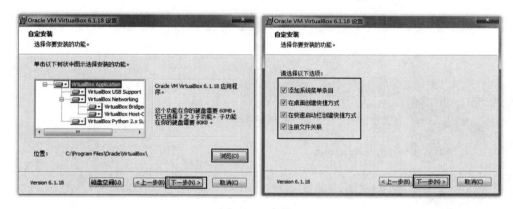

图2-20　步骤3

步骤4：在弹出的警告网络界面中单击"是"按钮，表示在安装过程中暂时切断网络，立即开始安装软件，在新界面中单击"安装"按钮，即可开始安装软件，如图2-21所示。

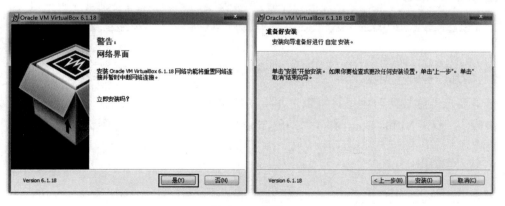

图2-21　步骤4

步骤 5：在软件安装过程中如果出现"用户账户①控制"或其他提示的窗口，单击"是"按钮表示允许安装，如图 2-22 所示。

图 2-22　步骤 5

步骤 6：软件安装完成后，单击"完成"按钮，退出软件安装，安装包在桌面上会生成 VirtualBox 的快捷方式，如图 2-23 所示。

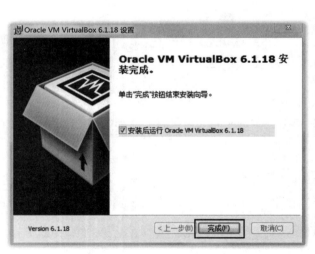

图 2-23　步骤 6

2．附加、启动虚拟机

任务要求：附加两台虚拟机镜像，并将其启动起来。

步骤 1：双击 VirtualBox 图标，打开 VirtualBox 软件，启动后如图 2-24 所示。

---

① 软件图中"帐户"的正确写法应为"账户"。

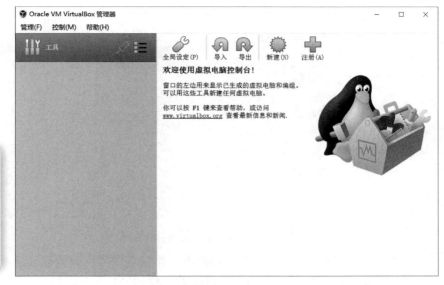

图 2-24　启动 VirtualBox

启动后选择"管理"→"全局设定"命令，如图 2-25 所示。

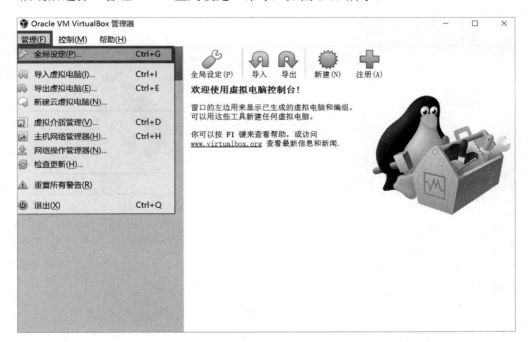

图 2-25　VirtualBox 全局设定

单击"更新"按钮，并取消勾选"检查更新"复选框，关闭自动更新功能，单击"OK"按钮，如图 2-26 所示。

图 2-26　关闭自动更新功能

步骤 2：在 VirtualBox 管理器启动界面中新建"智慧校园服务端部署虚拟机"。首先单击"新建"按钮，新建虚拟电脑（虚拟机），如图 2-27 所示。

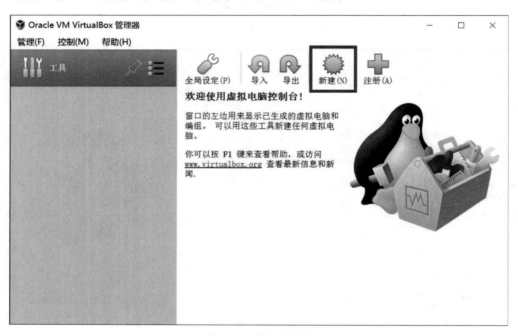

图 2-27　新建虚拟机

步骤 3：在"新建虚拟电脑"对话框中将"名称"设置为"SmartCampusVm"，"类型"设置为"Linux"，"版本"设置为"Red Hat（64-bit）"，并单击"下一步"按钮，如图 2-28所示。

若版本中未出现 64bit 操作系统的选项，则需要在 BIOS 设置中开启虚拟化支持。参考计算机或主板说明书进入 BIOS 设置页面，依次选择 Advanced(高级)和 CPU Configuration，将 Intel Virtual Technology/VT/VT-d/AMD-V 设置为 Enabled，最后按 F10 保存并退出。

步骤 4：设置虚拟内存大小，建议设置为计算机内存总容量的 1/4（如计算机内存总容量为 8GB，将虚拟内存设置为 8GB×1/4=2GB=2048MB，设置完成后，单击"下一步"按钮，如图 2-29 所示。

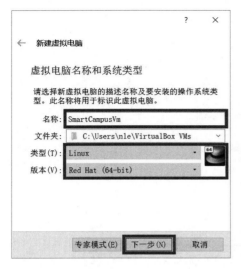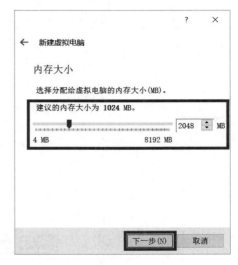

图 2-28　设置虚拟机名称和系统类型　　　　　　图 2-29　分配内存大小

步骤 5：如图 2-30 所示，在虚拟硬盘设置项中单击"使用已有的虚拟硬盘文件"单选按钮，单击右侧的文件夹图标进入虚拟硬盘选择界面。

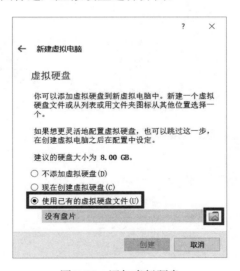

图 2-30　添加虚拟硬盘

步骤 6：单击"注册"按钮，在弹出的对话框中选择位于"..\配套资料\项目二\虚拟机镜像\SmartCampusVm_task1.vdi"的虚拟硬盘镜像文件，注册成功后选中刚才加入的虚拟机，单击"选择"按钮，如图 2-31、图 2-32、图 2-33 所示。

图 2-31　注册虚拟硬盘镜像

图 2-32　选择虚拟硬盘镜像

图 2-33　确定选择虚拟机硬盘镜像

步骤 7：此时，可以看到注册过的智慧校园虚拟硬盘镜像 SmartCampusVm_task1.vdi，单击"创建"按钮，如图 2-34 所示。

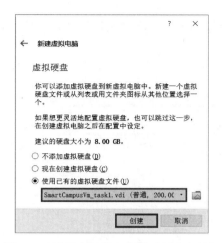

图 2-34　选择虚拟硬盘文件后创建虚拟机

步骤 8：智慧校园服务端虚拟机创建完成后，回到 VirtualBox 管理器界面，左侧将显示已创建的智慧校园服务端虚拟机。在进入虚拟机之前需先配置网卡。单击 VirtualBox 管理器界面上方的"设置"按钮，如图 2-35 所示。

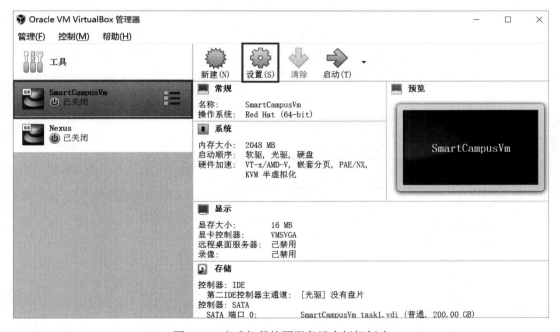

图 2-35　完成智慧校园服务端虚拟机创建

步骤 9：在虚拟机硬件设置界面中单击"网络"按钮，并在"网卡 1"选项卡中勾选"启用网络连接"复选框，将"连接方式"设置为"桥接网卡"，如图 2-36 所示。

需要注意的是，在"界面名称"下拉列表中，桥接网卡必须选择连接路由器的网卡，以保证后续设置静态 IP 地址的操作顺利完成。如果计算机在有线网络和无线网络接连中切换，VirtualBox 虚拟机应用程序可能会更变界面名称。当无法连接上 192.168.1.x 网段上的

IP 地址时，需要返回检查桥接网卡的"界面名称"是否为接入路由器的网卡。

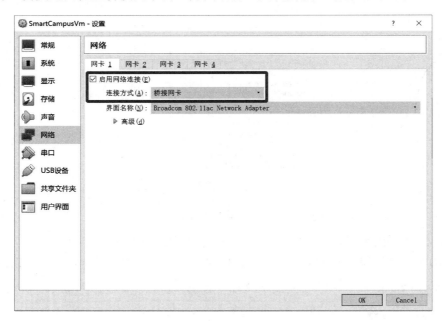

图 2-36　配置网卡 1

在"网卡 2"选项卡中勾选"启用网络连接"复选框，将"连接方式"设置为"仅主机（Host-Only）网络"，单击"OK"按钮，如图 2-37 所示。

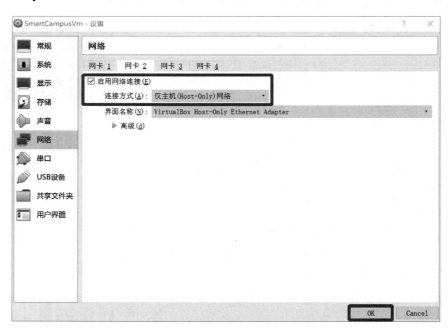

图 2-37　配置网卡 2

步骤 10：请参照上述操作新建名称为"Nexus"的仓库镜像虚拟机，使用的虚拟硬盘镜像文件位于"..\项目二\虚拟机镜像\Nexus.vdi"。根据 Nexus 仓库管理软件官方文档要求，

Nexus 虚拟机的内存需设置为 2048MB（2GB）以上。完成后以相同的方式配置虚拟机网卡，如图 2-38、图 2-39 所示。

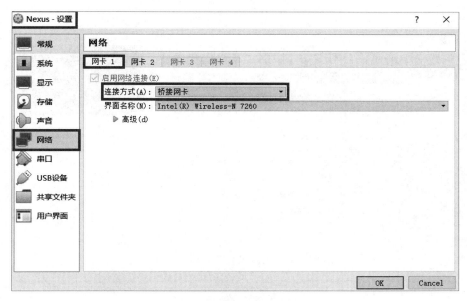

图 2-38　配置 Nexus 虚拟机网卡 1

图 2-39　配置 Nexus 虚拟机网卡 2

创建完成后，VirtualBox 管理器界面如图 2-40 所示。

步骤 11：单击"启动"或"正常启动"按钮，分别启动两台虚拟机镜像，如图 2-41 和图 2-42 所示。

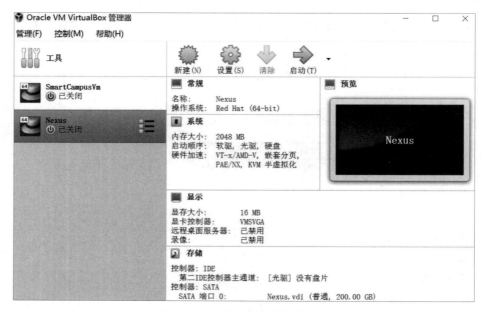

图 2-40　完成两台虚拟机的创建

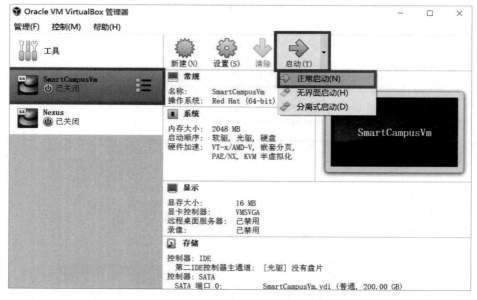

图 2-41　启动智慧校园服务端虚拟机镜像

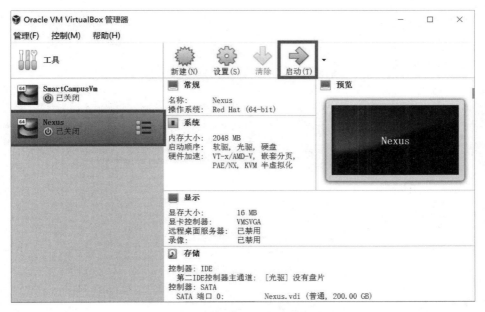

图 2-42　启动软件仓库虚拟机镜像

3. 修改虚拟机 IP 地址

任务要求：启动虚拟机成功后，由于系统默认的 IP 地址非所需的 IP 地址，所以需要自行设定 IP 地址以达到配置要求。

步骤 1：在分别启动两台虚拟机镜像后，即可将其最小化，双击打开 Xshell 应用程序，使用 Xshell 终端软件，连接智慧校园服务端虚拟机。在 Xshell 软件中新建一个会话，如图 2-43 所示。在"名称"文本框中输入"智慧校园"，在"主机"文本框中输入"192.168.56.102"，在"协议"下拉列表中选择"SSH"选项，单击"确定"按钮，如图 2-44 所示。

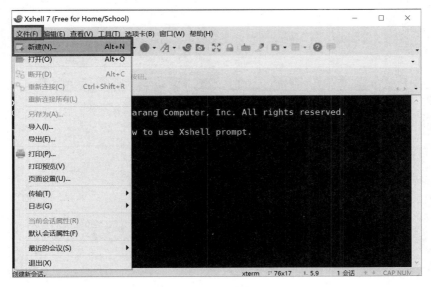

图 2-43　新建会话

图 2-44　Xshell 所示终端连接

步骤 2：在弹出的"会话"对话框中单击"连接"按钮，如图 2-45 所示，在弹出的"SSH
安全警告"对话框中单击"接受并保存"按钮，如图 2-46 所示。

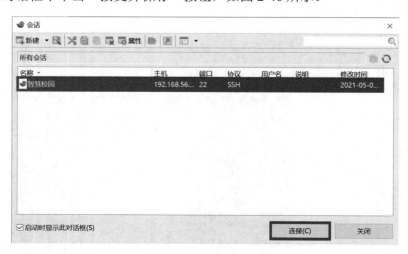

图 2-45　连接虚拟机

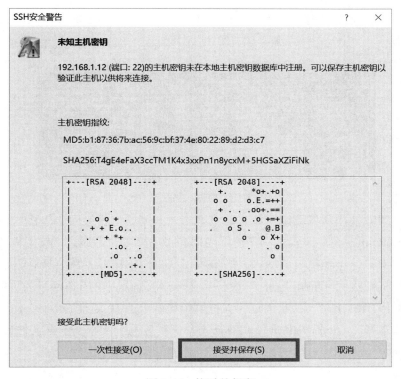

图 2-46　接受并保存

步骤 3：在弹出的"SSH 用户名"对话框中，输入用户名"root"，勾选"记住用户名"复选框，单击"确定"按钮，如图 2-47 所示。在弹出的"SSH 用户身份验证"对话框中输入密码"newland123"，勾选"记住密码"复选框，如图 2-48 所示。

图 2-47　输入用户名　　　　　　　　　　　　图 2-48　输入密码

步骤 4：单击"确定"按钮，连接虚拟机成功后，Xshell 将出现一个 Linux Shell 回显，如图 2-49 所示。

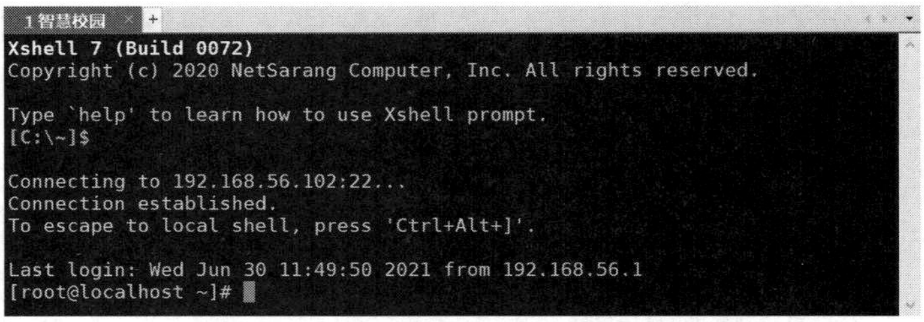

图 2-49　虚拟机连接成功

步骤 5：智慧校园服务端虚拟机有两张网卡，一张是"桥接网卡"模式的，另一张是"仅主机（Host-Only）网络"模式的。使用终端连接虚拟机时是通过"仅主机（Host-only）网络"模式的网卡连接虚拟机的。进入虚拟机后根据网络情况，需要查看主机所在网段来规划该台虚拟机桥接网卡的 IP 地址。配套设备中，路由器默认 IP 所在网段为"192.168.1.x"，网关地址为"192.168.1.1"。在此规划的虚拟机桥接网卡的 IP 地址为"192.168.1.20"，网关地址为"192.168.1.1"。在修改 IP 地址之前需先备份桥接网卡的网络配置文件 ifcfg-enp0s3，如图 2-50 所示。

```
# 进入网络配置文件存放路径
cd /etc/sysconfig/network-scripts/
# 备份网络配置文件
cp ifcfg-enp0s3 ifcfg-enp0s3.bak
# 查看是否备份成功
cat ifcfg-enp0s3.bak
```

```
[root@localhost network-scripts]# cd /etc/sysconfig/network-scripts/
[root@localhost network-scripts]# cp ifcfg-enp0s3 ifcfg-enp0s3.bak
[root@localhost network-scripts]# vi ifcfg-enp0s3.bak
```

图 2-50　备份网络配置文件

如果在打开网络配置文件后出现相关的配置信息，则说明网络配置文件备份成功，如图 2-51 所示。此时，输入":q"退出 vi 文本编辑器（:为英文冒号，需注意输入法切换）。

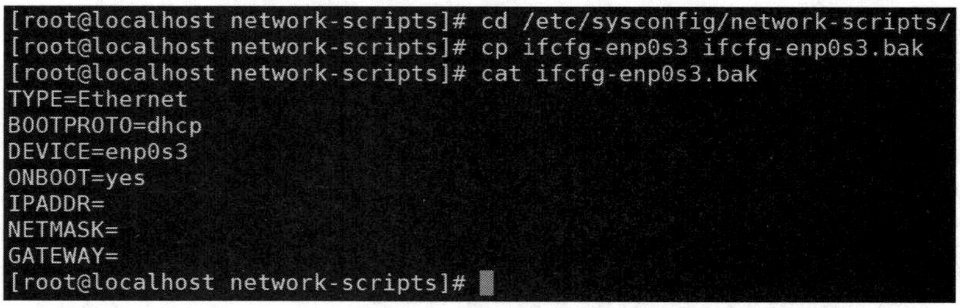

```
[root@localhost network-scripts]# cd /etc/sysconfig/network-scripts/
[root@localhost network-scripts]# cp ifcfg-enp0s3 ifcfg-enp0s3.bak
[root@localhost network-scripts]# cat ifcfg-enp0s3.bak
TYPE=Ethernet
BOOTPROTO=dhcp
DEVICE=enp0s3
ONBOOT=yes
IPADDR=
NETMASK=
GATEWAY=
[root@localhost network-scripts]#
```

图 2-51　查看是否备份成功

在命令行界面中使用 vi 文本编辑器打开 enp0s3 配置，命令与结果如图 2-52 所示。

```
# 修改 IP 地址文件，具体的文件根据实际网卡名称调整
vi /etc/sysconfig/network-scripts/ifcfg-enp0s3
```

图 2-52　修改 IP 地址文件

步骤 6：修改配置文件信息。先将光标通过方向键（或使用键盘上的 H 为左，J 为下，K 为上，L 为右）移动到 IPADDR 这一行，输入"I"进入编辑模式，通过方向键控制光标的位置。

按照如表 2-2 所示的要求修改桥接网卡配置文件 ifcfg-enp0s3。

表 2-2　IP 地址配置信息对照表

IP 获取方式	IP 地址	子网掩码	网关地址
BOOTPROTO	IPADDR	NETMASK	GATEWAY
static	192.168.1.20	255.255.255.0	192.168.1.1

修改后的配置文件如图 2-53 所示。

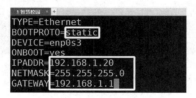

图 2-53　修改后的配置文件

步骤 7：按 Esc 键后，需确保输入法的状态为英文，输入":wq"保存并退出。执行网卡重启命令。重启网卡命令如下。

```
# 重启网卡命令
systemctl restart network
```

步骤 8：输入"ip a"查看 enp0s3 网卡地址是否修改过来，修改后 IP 地址如图 2-54 所示。

```
# 查看 IP 地址
ip a
```

```
[root@localhost ~]# ip a
1: lo: <LOOPBACK,UP,LOWER_UP> mtu 65536 qdisc noqueue state UNKNO
WN group default qlen 1000
    link/loopback 00:00:00:00:00:00 brd 00:00:00:00:00:00
    inet 127.0.0.1/8 scope host lo
       valid_lft forever preferred_lft forever
    inet6 ::1/128 scope host
       valid_lft forever preferred_lft forever
2: enp0s3: <BROADCAST,MULTICAST,UP,LOWER_UP> mtu 1500 qdisc pfifo
_fast state UP group default qlen 1000
    link/ether 08:00:27:90:4f:f6 brd ff:ff:ff:ff:ff:ff
    inet 192.168.1.20/24 brd 192.168.1.255 scope global noprefixr
route enp0s3
       valid_lft forever preferred_lft forever
    inet6 fe80::a00:27ff:fe90:4ff6/64 scope link
       valid_lft forever preferred_lft forever
3: enp0s8: <BROADCAST,MULTICAST,UP,LOWER_UP> mtu 1500 qdisc pfifo
_fast state UP group default qlen 1000
    link/ether 08:00:27:f5:b7:10 brd ff:ff:ff:ff:ff:ff
    inet 192.168.56.102/24 brd 192.168.56.255 scope global nopref
ixroute enp0s8
       valid_lft forever preferred_lft forever
    inet6 fe80::a00:27ff:fef5:b710/64 scope link
       valid_lft forever preferred_lft forever
[root@localhost ~]#
```

图 2-54　修改 IP 地址成功

二、安装 Python3

任务要求：由于智慧校园服务端是用 Python3 语言开发的，与 CenOS 自带的 Python2 版本不兼容，所以需要安装 Python3 使服务端正常运行。

步骤 1：开启两台虚拟机，使用 Xshell 连接智慧校园服务端虚拟机。

步骤 2：由于安装、编译 Python3 前需要安装前置依赖包以保证 Python3 正确安装，输入如下命令安装各种依赖包，安装过程中需要输入"y"表示同意安装，如图 2-55 所示。

```
# 安装依赖包
yum install openssl-devel bzip2-devel expat-devel gdbm-devel readline-devel
sqlite-devel gcc
```

图 2-55 安装依赖包

步骤 3：使用 Xftp 上传"..\配套资料\项目二\Python-3.6.7.tar.xz"的 Python3 源码压缩包至智慧校园服务端"/root"目录下。

（1）打开 Xftp 终端文件传输软件，单击左上角的菜单框新建会话，打开"新建会话属性"对话框，在"名称"文本框中填入"智慧校园文件传输"，在"主机"文本框中填入"192.168.56.102"，将"协议"设置为"SFTP"，单击"连接"按钮，如图 2-56 所示。

图 2-56 Xftp 连接智慧校园终端

（2）在弹出的对话框中选中"智慧校园文件传输"，单击"连接"按钮。如果弹出"输入用户名和密码"的提示，可勾选"记住用户名和记住密码"复选框，输入的用户名为"root"，密码为"newland123"。上传"..\配套资料\项目二\Python-3.6.7.tar.xz"的 Python3 源码压缩包至智慧校园服务端"/root"目录下，如图 2-57 所示。

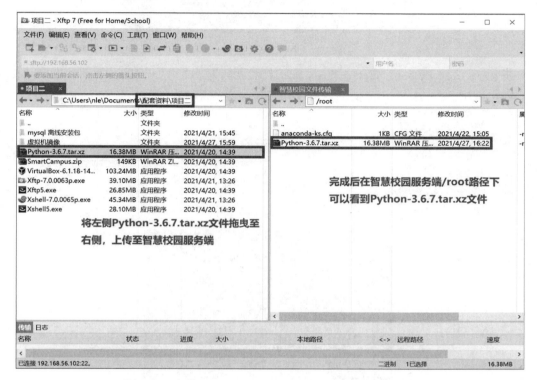

图 2-57　上传 Python-3.6.7.tar.xz 文件到智慧校园服务端

步骤 4：上传成功后，切换至对应目录文件下，输入如下命令，解压缩 Python3 源码包。

```
# 切换至 Python3 源码包所在目录
cd /root/
# 解压缩文件
tar -xvf Python-3.6.7.tar.xz
```

步骤 5：解压缩成功后，进入源码目录，并使用命令将 Python3 源码进行编译并安装至 /usr/local/python3 目录下，命令如下所示，安装成功后如图 2-58 所示。

```
# 进入源码目录
cd Python-3.6.7
# 编译配置
./configure prefix=/usr/local/python3
# 编译与安装
make && make install
```

```
Looking in links: /tmp/tmp872zpa37
Collecting setuptools
Collecting pip
Installing collected packages: setuptools, pip
Successfully installed pip-10.0.1 setuptools-39.0.1
```

图 2-58　安装成功

步骤 6：安装成功后在系统命令行中输入"python3"，系统提示未找到命令，如图 2-59 所示。这是因为未将 Python3 添加到系统的环境变量中。

```
# 从终端进入 Python
python3
```

图 2-59　系统无法找到 Python3

步骤 7：配置 Python3 的环境变量。配置环境变量是为了在任何路径下都可以启动相应的应用。编辑~/.bash_profile 文件，命令和添加内容如图 2-60 所示。

```
# 备份配置文件
cp ~/.bash_profile ~/.bash_profile.bak
# 编辑文件
vi ~/.bash_profile
# 添加内容
export PATH=$PATH:/usr/local/python3/bin/
# 环境变量生效
source ~/.bash_profile
```

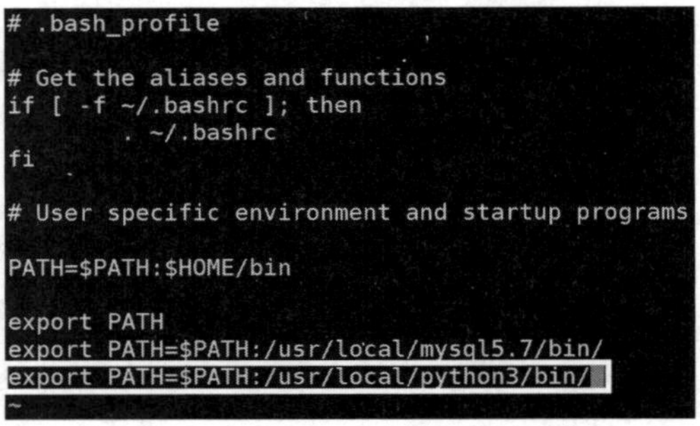

图 2-60　将 Python3 路径添加至环境变量

步骤 8：至此，在 CentOS 虚拟机下安装 Python3 就完成了，在终端输入"python"，查看系统下的 Python 的版本是否为 3.6，查看后退出 Python，如图 2-61 所示。

```
# 从终端进入 Python
python3
# 退出 Python
exit()
```

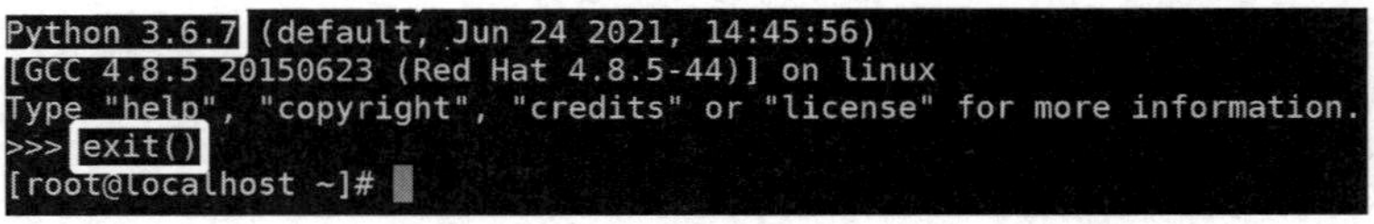

图 2-61　查看 Python 版本并退出

三、安装 Python 依赖库

任务要求：安装 Python3 软件完成后，智慧社区软件还需要安装依赖库来确保服务端软件正常运行。

步骤 1：在智慧校园服务端虚拟机/root/目录下创建 data 文件夹，如图 2-62 所示。

```
# 创建 data 文件夹
cd /root/
mkdir -p /root/data
```

```
[root@centos-linux ~]# mkdir -p /root/data
[root@centos-linux ~]# ls
anaconda-ks.cfg  data
```

图 2-62　创建文件夹

步骤 2：上传代码到 data 目录。打开 Xftp，选择桌面上放置的服务端代码，将 "..\配套资料\项目二\SmartCampus" 代码目录上传到 data 目录，如图 2-63 所示。

图 2-63　上传代码

步骤 3：创建 Python 虚拟环境项目，在 root 目录下执行命令，如图 2-64 所示。

```
# 创建 Python 虚拟环境项目
python3 -m venv pyenv
```

```
[root@localhost ~]# python3 -m venv pyenv
[root@localhost ~]# ls
anaconda-ks.cfg  data  pyenv  Python-3.6.7  Python-3.6.7.tar.xz
```

图 2-64　创建 Python 虚拟环境项目

步骤 4：执行完会在 root 目录下生成一个 pyenv 虚拟环境的目录包，在 root 目录下执行命令 "source pyenv/bin/activate" 激活虚拟环境，如图 2-65 所示。

```
# 激活虚拟环境
source pyenv/bin/activate
```

```
[root@centos-linux ~]# source pyenv/bin/activate
(pyenv) [root@centos-linux ~]#
```

图 2-65　激活虚拟环境

步骤 5：使用 pip 安装智慧校园服务应用需要的依赖包，执行 "cd /root/data/SmartCampus" 命令进入代码目录文件，然后执行 "pip install -r requirements.txt" 命令安装依赖包，如图 2-66 所示。

```
# 进入代码目录文件
cd /root/data/SmartCampus
# 安装依赖包
```

```
pip install -r requirements.txt
```

```
(pyenv) [root@localhost SmartCampus]# pip install -r requirements.txt
Looking in indexes: http://192.168.56.101:8081/repository/nleaipypi/simple
Collecting alembic==1.4.3 (from -r requirements.txt (line 1))
  Downloading http://192.168.56.101:8081/repository/nleaipypi/packages/alem
bic/1.4.3/alembic-1.4.3-py2.py3-none-any.whl (159kB)
    100% |████████████████████████████████| 163kB 21.5MB/s
Collecting altgraph==0.17 (from -r requirements.txt (line 2))
  Downloading http://192.168.56.101:8081/repository/nleaipypi/packages/altg
raph/0.17/altgraph-0.17-py2.py3-none-any.whl
Collecting aniso8601==8.0.0 (from -r requirements.txt (line 3))
  Downloading http://192.168.56.101:8081/repository/nleaipypi/packages/anis
o8601/8.0.0/aniso8601-8.0.0-py2.py3-none-any.whl (43kB)
    100% |████████████████████████████████| 51kB 24.7MB/s
```

图 2-66　安装依赖包

所有依赖包均都正常安装，如图 2-67 所示。

```
Successfully installed Flask-1.1.2 Flask-Caching-1.9.0 Flask-Migrate-2.5.3
Flask-MySQLdb-0.2.0 Flask-RESTful-0.3.8 Flask-SQLAlchemy-2.4.4 Flask-Script
-2.0.6 Flask-SocketIO-4.3.1 Jinja2-2.11.2 Mako-1.1.3 MarkupSafe-1.1.1 SQLAl
chemy-1.3.20 Werkzeug-1.0.1 alembic-1.4.3 altgraph-0.17 aniso8601-8.0.0 cer
tifi-2020.11.8 chardet-3.0.4 click-7.1.2 dnspython-1.16.0 eventlet-0.29.1 f
uture-0.18.2 greenlet-0.4.17 idna-2.10 importlib-metadata-3.4.0 itsdangerou
s-1.1.0 mysqlclient-2.0.1 passlib-1.7.4 pefile-2019.4.18 pyinstaller-4.2 py
installer-hooks-contrib-2020.11 pymysql-1.0.2 python-dateutil-2.8.1 python-
editor-1.0.4 python-engineio-3.13.2 python-socketio-4.6.0 pytz-2020.1 pywin
32-ctypes-0.2.0 requests-2.24.0 six-1.15.0 typing-extensions-3.7.4.3 urllib
3-1.25.11 zipp-3.4.0
You are using pip version 10.0.1, however version 21.0.1 is available.
You should consider upgrading via the 'pip install --upgrade pip' command.
(pyenv) [root@localhost SmartCampus]#
```

图 2-67　安装依赖包完成

步骤 6：使用命令"deactivate"退出当前虚拟环境。如果命令行前方的(pyenv)标识消失，则表示成功退出虚拟环境，如图 2-68 所示。

图 2-68　退出虚拟环境

【任务检查与评价】

完成任务实施后，进行任务检查与评价，任务检查与评价表存放在本书配套资源中。

【任务小结】

本任务首先介绍了 Linux 操作系统、虚拟机的基本知识和概念，并介绍了常用的 Linux 命令和 Python 编程语言；然后分析了如何借助各种软件工具来实现智慧校园服务端应用环境准备（如借助 Xshell 远程连接、在 Linux 操作系统上安装并配置 Python3，利用 Xftp 向 Linux 操作系统传输文件），并对各种相关工具的工作原理和配置过程进行了详细介绍。

通过本任务的学习，读者可对 Linux 操作系统、VirtualBox 虚拟机有更深入的了解，在实践中逐渐熟悉智慧校园服务端应用环境准备过程，正确使用软件工具和命令，配置应用系统启动策略。本任务的知识技能思维导图如图 2-69 所示。

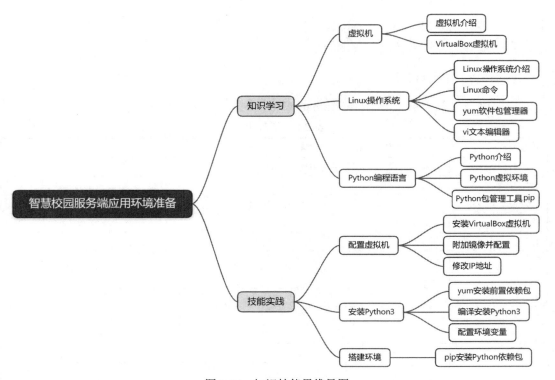

图 2-69　知识技能思维导图

【任务拓展】

除了使用 Xshell 图形化界面的应用连接到终端服务器外，可以通过命令连接终端或者在主机和终端之间传输文件吗？

任务二　智慧校园服务端应用程序部署

【职业能力目标】

- 能够使用 SQL 语句实现 MySQL 数据库的基本操作；
- 能够安装并启动 Nginx 服务器；
- 能够启动并验证智慧校园服务端应用程序。

【任务描述与要求】

任务描述：

要求用户完成智慧校园服务端应用程序部署。部署完成后，用户可以使用管理员的账号密码登录智慧校园服务端的管理后台。

任务要求：

- 使用 SQL 语句创建用户、数据库并修改用户权限；
- 使用 SQL 语句还原并备份智慧校园服务端数据；

- 安装并完成 Nginx 服务器配置；
- 启动并验证智慧校园服务端应用程序。

【任务分析与计划】

根据所学相关知识，请制订本任务的实施计划，如表 2-3 所示。

表 2-3　任务计划表

项目名称	项目二　智慧校园应用系统部署
任务名称	任务二　智慧校园服务端应用程序部署
计划方式	自行设计
计划要求	请用 10 个计划步骤来完整描述如何完成本任务
序号	任务计划
1	
2	
3	
4	
5	
6	
7	
8	
9	
10	

【知识储备】

本任务的知识储备主要介绍 MySQL 数据库和 SQL 语句、Web 服务器及 Nginx 服务器。

一、MySQL 数据库和 SQL 语句

在任务实施的部分中，将使用 MySQL 数据库通过 SQL 语句来建立智慧校园服务端的用户数据库、还原并备份智慧校园的用户数据。此部分将介绍数据库、关系数据库管理系统、MySQL 数据库、SQL 语句的相关知识。

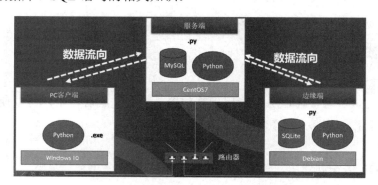

图 2-70　PC 客户端、服务端、边缘端之间的数据流向关系

从图 2-70 可以看出 PC 客户端、服务端、边缘端之间的数据流向关系。管理员可以在 Windows 系统中使用 PC 客户端以图形化界面的方式对智慧校园用户及车牌数据进行增加、删除、修改、查询等操作。PC 客户端使用的数据为服务端 MySQL 数据库中的数据。同时，边缘端使用 SQLite 数据库存储用户数据，该数据库中的数据会和服务端 MySQL 数据库中的数据保持同步。所以，也可以说，智慧校园服务端实现了边缘端和 PC 客户端之间数据交互的功能。

1. 数据库

数据库（DataBase，DB）的概念诞生于 60 多年前，随着信息技术和市场的快速发展，数据库技术层出不穷，随着应用的拓展和深入，数据库的数量和规模越来越大，其诞生和发展给计算机信息管理带来了一场巨大的革命。

数据库的发展大致划分为如下几个阶段：人工管理阶段、文件系统阶段、数据库系统阶段、高级数据库阶段。其种类大概有 3 种：层次数据库、网络数据库和关系数据库。不同种类的数据库按不同的数据结构来联系和组织。

对于数据库的概念，没有一个完全固定的定义，随着数据库历史的发展，定义的内容也有很大的差异，其中一种比较普遍的观点认为，数据库是一个长期存储在计算机内的、有组织的、有共享的、统一管理的数据集合。数据库是一个按数据结构来存储和管理数据的计算机软件系统，即数据库包含两层含义：一是保管数据的"仓库"；二是数据管理的方法和技术。

数据库的特点包括：实现数据共享，减少数据冗余；采用特定的数据类型；具有较高的数据独立性；具有统一的数据控制功能。

2. 关系数据库管理系统

关系数据库管理系统（Relational DataBase Management System，RDBMS）是建立在关系模型基础上的数据库，可以用来存储和管理大量数据。关系数据库管理系统中的数据存储在被称为表的数据库对象中，表是相关的数据项的集合，它由列和行组成。关系数据库管理系统中表与表之间是有很多复杂的关联关系的。常见的关系数据库有 MS SQL Server、IBM DB2、Oracle、MySQL 等。

关系数据库管理系统的特点如下。

（1）数据以表格的形式出现。

（2）每行为各种记录名称。

（3）每列为记录名称所对应的数据域。

（4）许多的行和列组成一张表单。

（5）若干的表单组成数据库。

在轻量或者小型的应用中，使用不同的关系数据库对系统的性能影响不大，但是在构建大型应用时，需要根据应用的业务需求和性能需求，选择合适的关系数据库。

3．MySQL 数据库

MySQL 数据库是一个小型关系数据库管理系统，与其他大型数据库管理系统（如 Oracle、IBM DB2、SQL Server 等）相比，MySQL 数据库规模小、功能有限，但是它体积小、速度快、成本低，且它提供的功能对稍微复杂的应用来说已经够用，这些特性使 MySQL 数据库成为世界上最受欢迎的开放源代码数据库之一。MySQL 数据库的图标如图 2-71 所示。

图 2-71　MySQL 数据库的图标

MySQL 数据库的主要优势如下。

（1）速度：MySQL 数据库运行速度快。

（2）价格：MySQL 数据库对于多数人来说是免费的。

（3）容易使用：MySQL 数据库与其他大型数据库的设置和管理相比，其复杂程度较低，易于学习。

（4）可移植性：MySQL 数据库能够工作在众多不同的系统平台上，如 Windows、Linux、UNIX、macOS 等。

（5）丰富的接口：MySQL 数据库提供了用于 C、C++、Eiffel、Java、Perl、PHP、Python、Ruby 和 TCL 等语言的 API。

（6）支持查询语言：MySQL 数据库可以利用标准 SQL 语法，支持 ODBC（开放式数据库连接）的应用程序。

（7）安全性和连接性：MySQL 数据库具有十分灵活和安全的权限和密码系统，允许基于主机的验证。连接到服务器时，所有密码传输均采用加密形式，从而保证了密码安全。并且由于 MySQL 数据库是网络化的，因此它可以在互联网上的任何地方访问，提高数据共享的效率。

4．SQL 语句

对数据库进行查询和修改操作的语言叫作 SQL。SQL 的含义是结构化查询语言（Structured Query Language）。SQL 有许多不同的类型，有 3 个主要的标准：ANSI（美国国家标准机构）SQL，对 ANSI SQL 修改后在 1992 年采纳的标准，称为 SQL-92 或 SQL2。SQL-99 标准从 SQL-92 扩充而来并增加了对象关系特征和许多其他新功能。各大数据库厂商提供不同版本的 SQL，这些版本的 SQL 不但能包括原始的 ANSI SQL，而且在很大程度上支持 SQL-92。

SQL 包含以下 4 个部分。

数据定义语言（DDL）：DROP、CREATE、ALTER 等语句。

数据操作语言（DML）：INSERT（插入）、UPDATE（修改）、DELETE（删除）语句。

数据查询语言（DQL）：SELECT 语句。

数据控制语言（DCL）：GRANT、REVOKE、COMMIT、ROLLBACK 等语句。

安装好 MySQL 数据库后，在终端中输入"mysql -uroot -p"，看到输入密码的提示后输入"newland123"，即可使用用户名"root"和密码"newland123"启动并登录 MySQL 数据库。接下来将介绍一些基于 MySQL 数据库的基础 SQL 语句及其作用。

1）创建"nle"用户，密码为"newland123"

```
CREATE USER 'nle'@'%' IDENTIFIED BY 'newland123';
```

2）创建"smart_campus"数据库

```
CREATE DATABASE smart_campus;
```

3）授予"nle"用户"smart_campus"数据库的所有权限

```
GRANT ALL ON smart_campus.* TO 'nle'@'%';
```

4）查看"nle"用户被授予的权限

```
SHOW GRANTS FOR nle;
```

5）使用"smart_campus"数据库

```
USE smart_campus;
```

6）导入"smart_campus.sql"文件中的数据库表结构到当前数据库

```
SOURCE /smart_campus.sql;
```

7）查看数据库表

```
SHOW TABLES;
```

8）使用"nle"用户备份"smart_campus"数据库到当前路径下，备份文件的文件名为"smart_campus_bak.sql"

```
mysqldump -unle -pnewland smart_campus > ./smart_campus_bak.sql
```

9）删除名为"myclass"的数据库表

```
DROP TABLE myclass
```

二、Web 服务器及 Nginx 服务器

在生活中，我们对访问操作，如查看网页、用手机刷微信、刷微博这类的操作都习以为常，但你是否从技术角度认真想过，要实现查看网页这个动作，在网络的世界里到底发生了什么？

1. Web 服务器

无论是浏览器还是手机 App，当用户执行某个具体的行为，需要与服务端发生交互时，用户的数据就要经过服务器，大部分情况下，我们可以简单地认为，就是 Web 服务器。具体来说，就是用户向服务端发了一个 HTTP 请求，HTTP 是应用协议，它必须将数据包转成 TCP/IP 传输层数据进行传输，那么服务端也是一样的，一个服务应用程序需要将传输层的数据包转成应用协议，然后应用才能识别其中的数据，从而进行处理。这样的过程是所有服务端应用都必须具备的，一个服务端应用就需要一个这样的服务器程序，这类工作可

以单独分割出来，交给专门的一类程序负责，这类应用程序就是 Web 服务器，显然，其本质上是一个负责处理服务请求的应用程序。

2．Nginx 服务器

Web 服务器种类繁多，各类服务器有统一性和差异性，其实也在不同的领域发挥着作用。接下来要介绍的这款服务器，可以说是近年来发展最为迅猛的一款服务器，它就是 Nginx 服务器。

Nginx 服务器功能丰富，它既可以作为 HTTP 服务器，也可以作为反向代理服务器或者邮件服务器；它能够快速响应静态页面（HTML）的请求；支持 FastCGI、SSL、Virtual Host、URLRewrite、HTTP Basic Auth、Gzip 等大量功能的使用；并且支持很多的第三方功能模块扩展。其特点是占用内存少，并发能力强。事实上 Nginx 服务器的并发能力在同类型的网页服务器中表现较好。我国使用 Nginx 服务器的网站用户有百度、京东、新浪、网易、腾讯、淘宝等。

【任务实施】

要完成本任务，可以将实施步骤分成以下 5 步。

- 使用 SQL 语句创建数据库、用户、用户权限。
- 数据库还原操作。
- 数据库备份操作。
- Nginx 服务器安装与配置。
- 启动服务端应用程序。

提示：如果读者在任务一实施过程中遇到问题，可以使用配套教材中的 SmartCampusVm_task2.vdi 镜像继续任务二的实际操作。具体操作方法如下。

步骤 1：在虚拟机管理器主界面中选择"管理"→"虚拟介质管理"命令，如图 2-72 所示。

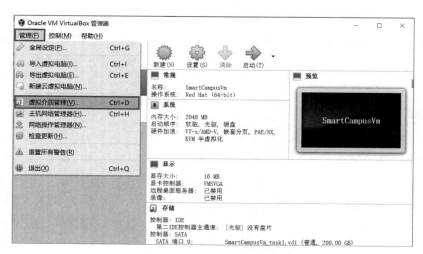

图 2-72　打开虚拟介质管理菜单

步骤 2：选中 SmartCampusVm_task1.vdi 镜像，单击界面上方的"释放"按钮，如图 2-73 所示。

图 2-73　释放镜像

在弹出的对话框中单击"释放"按钮，如图 2-74 所示。

图 2-74　确定释放

步骤 3：释放后再次选中 SmartCampusVm_task1.vdi 镜像，单击界面上方的"删除"按钮，如图 2-75 所示。

图 2-75　删除任务一镜像

在弹出的第一个对话框中单击"移除"按钮，在弹出的第二个对话框中单击"保留"按钮，如图 2-76 所示。

图 2-76　移除镜像并保留镜像文件

完成后，关闭虚拟介质管理器界面，如图 2-77 所示。

图 2-77　关闭虚拟介质管理器界面

步骤 4：在虚拟机管理器主界面中选中 SmartCampusVm 虚拟机，并单击"设置"按钮，如图 2-78 所示。

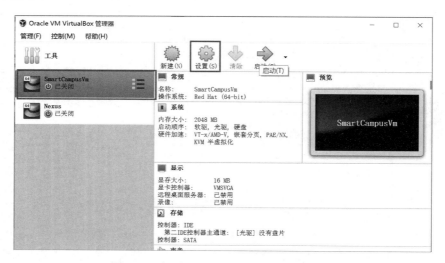

图 2-78　打开 SmartCampusVm 虚拟机设置

单击"存储"按钮，单击"控制器：SATA"右方的硬盘图标，添加虚拟硬盘，如图 2-79 所示。

图 2-79　单击加载镜像

注册 SmartCampusVm_task2.vdi 镜像，如图 2-80～图 2-82 所示。

添加成功后可以看到在"控制器：SATA"下方出现了 SmartCampusVm_task2.vdi 镜像，如图 2-83 所示。此时更换虚拟机镜像成功。

图 2-80　注册任务二使用的镜像

图 2-81　选择 SmartCampus_task2.vdi 镜像

图 2-82　确定选择

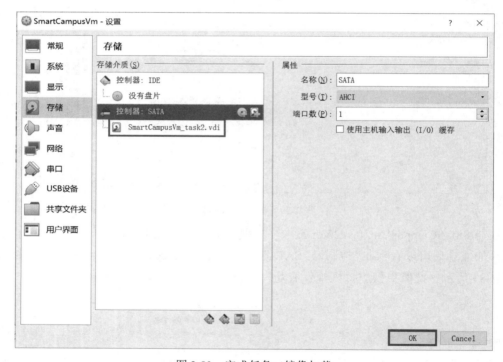

图 2-83　完成任务二镜像加载

一、使用 SQL 语句创建用户、数据库及修改用户权限

步骤 1：完成 MySQL 数据库安装后，在终端执行"mysql -u root -p"命令，然后输入密码"newland123"，再次进入数据库，如图 2-84 所示。

```
# 使用 root 用户登录 MySQL 数据库
mysql -u root -p
# 输入密码
newland123
```

```
[root@localhost ~]# mysql -u root -p
Enter password:
Welcome to the MySQL monitor.  Commands end with ; or \g.
Your MySQL connection id is 2
Server version: 5.7.13 MySQL Community Server (GPL)

Copyright (c) 2000, 2016, Oracle and/or its affiliates. All rights reserved.

Oracle is a registered trademark of Oracle Corporation and/or its
affiliates. Other names may be trademarks of their respective
owners.

Type 'help;' or '\h' for help. Type '\c' to clear the current input statement.

mysql>
```

图 2-84　使用 root 用户登录 MySQL 数据库

步骤 2：创建一个 admin 用户，密码为“newland123”，执行如下命令，成功后如图 2-85 所示。

```
# 创建一个 admin 用户
CREATE USER 'admin'@'%' IDENTIFIED BY 'newland123';
```

```
mysql> CREATE USER 'admin'@'%' IDENTIFIED BY 'newland123';
Query OK, 0 rows affected (0.01 sec)
```

图 2-85　创建用户

步骤 3：使用 root 用户创建一个数据库，名称为“smart_campus”，执行如下命令，成功后如图 2-86 所示。

```
# 创建一个数据库
CREATE DATABASE smart_campus;
```

```
mysql> CREATE DATABASE smart_campus;
Query OK, 1 row affected (0.00 sec)
```

图 2-86　创建数据库

步骤 4：授予 admin 用户 smart_campus 数据库所有权限（增加、删除、修改、查询），执行如下命令，成功后如图 2-87 所示。

```
# 授予 admin 用户 smart_campus 数据库权限
GRANT ALL ON smart_campus.* TO 'admin'@'%';
```

```
mysql> GRANT ALL ON smart_campus.* TO 'admin'@'%';
Query OK, 0 rows affected (0.00 sec)
```

图 2-87　授予用户数据库权限

步骤 5：输入“exit”，退出 root 用户终端，切换用户，执行“mysql -u admin -p”命令，输入密码“newland123”，登录后如图 2-88 所示。

```
mysql> exit
Bye
[root@localhost ~]# mysql -u admin -p
Enter password:
Welcome to the MySQL monitor.  Commands end with ; or \g.
Your MySQL connection id is 13
Server version: 5.7.13 MySQL Community Server (GPL)

Copyright (c) 2000, 2016, Oracle and/or its affiliates. All rights reserved.

Oracle is a registered trademark of Oracle Corporation and/or its
affiliates. Other names may be trademarks of their respective
owners.

Type 'help;' or '\h' for help. Type '\c' to clear the current input statement.

mysql>
```

图 2-88　使用 nle 用户登录

步骤 6：执行"show databases;"命令，查看当前用户能操作的数据库，如图 2-89 所示。smart_campus 数据库为之前智慧校园的数据库。

```
# 查看当前用户能操作的数据库
show databases;
```

```
mysql> show databases;
+--------------------+
| Database           |
+--------------------+
| information_schema |
| smart_campus       |
+--------------------+
2 rows in set (0.00 sec)
```

图 2-89　查看数据库

步骤 7：执行命令查看 admin 用户具有的权限，命令如下所示，查询结果如图 2-90 所示。

```
# 查看用户权限
show grants for admin;
```

```
mysql> show grants for admin;
+-----------------------------------------------------------+
| Grants for admin@%                                        |
+-----------------------------------------------------------+
| GRANT USAGE ON *.* TO 'admin'@'%'                         |
| GRANT ALL PRIVILEGES ON `smart_campus`.* TO 'admin'@'%'   |
+-----------------------------------------------------------+
2 rows in set (0.00 sec)
```

图 2-90　查看用户权限

二、使用 SQL 还原智慧校园服务端数据库

任务要求：将 SQL 执行文件导入新建的数据库中，达到还原数据库的目的。

步骤 1：再次使用 admin 用户，进入 MySQL 服务并查看数据库，结果如图 2-91 所示。

```
mysql> show databases;
+--------------------+
| Database           |
+--------------------+
| information_schema |
| smart_campus       |
+--------------------+
2 rows in set (0.00 sec)
```

图 2-91　查看数据库

步骤 2：使用 smart_campus 数据库，命令如下所示，结果如图 2-92 所示。

```
# 使用 smart_campus 数据库
use smart_campus
```

```
mysql> use smart_campus
Database changed
```

图 2-92　使用 smart_campus 数据库

步骤 3：使用命令导入数据库表结构，命令如下所示。

```
# 导入数据库表结构
```

```
source /root/data/SmartCampus/smart_campus.sql
```

步骤 4：查看当前数据库表，命令如下所示，结果如图 2-93 所示，表示数据库导入成功。

```
# 查看数据库表
show tables;
```

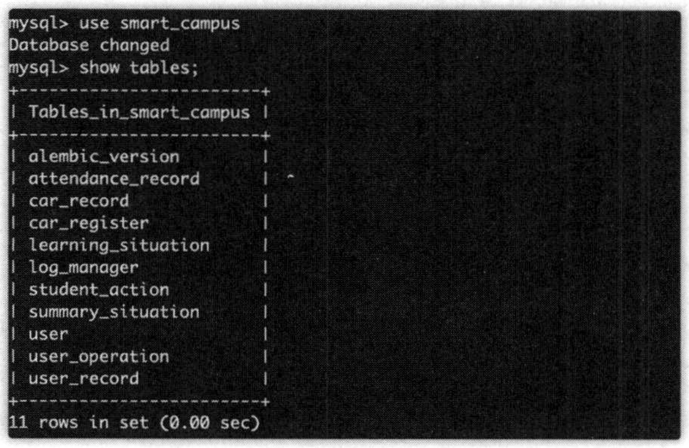

图 2-93　数据库导入成功

步骤 5：执行"exit"命令退出 MySQL 终端。

```
# 退出数据库
exit
```

三、使用 SQL 备份智慧校园服务端数据库

任务要求：导入数据库表与数据后，将数据库进行备份。

步骤 1：执行"mysqldump"命令将智慧校园服务端数据库进行备份，生成.sql 文件，命令如下所示，结果如图 2-94 所示。

```
# 使用命令备份数据库
mysqldump        -uadmin      -pnewland123      smart_campus      >
/root/data/SmartCampus/smart_campus_bak.sql
# 查看结果
ls /root/data/SmartCampus
```

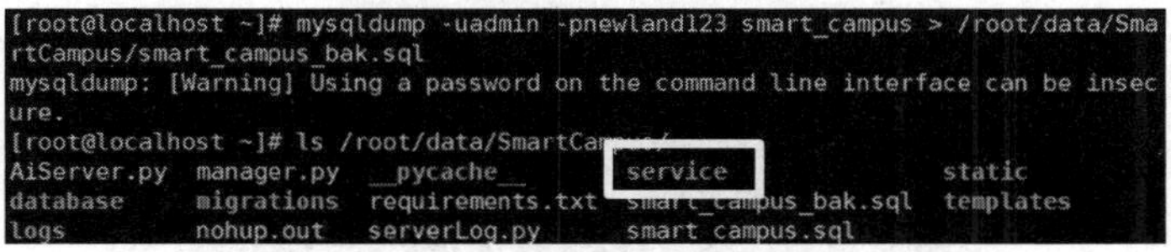

图 2-94　备份数据库

四、Nginx 服务器安装与配置

任务要求：智慧校园服务端为 Web 接口，使用 Nginx 服务器作为服务器 Web 端反向代理服务器，要求安装并配置 Nginx 服务器，并使之正常运行。

1. 安装 Nginx 服务器

步骤 1：执行如下命令，安装 yum 工具，如图 2-95 所示，安装结果如图 2-96 所示。

```
# 安装软件
yum install yum-utils -y
```

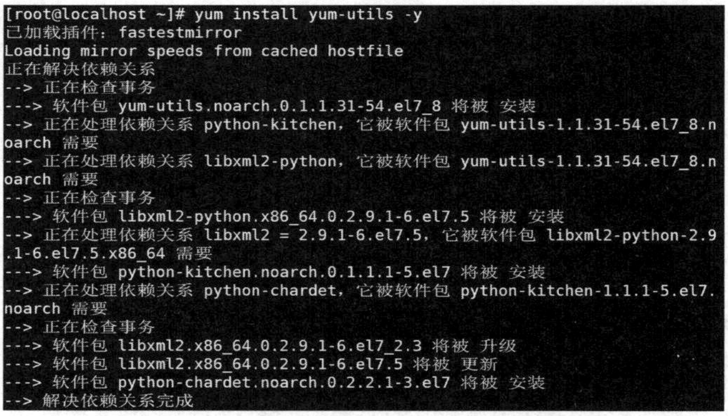

图 2-95　安装 yum 工具

图 2-96　yum 工具安装成功

步骤 2：执行如下命令，完成安装 Nginx 服务器前的配置，如图 2-97 所示。

```
# 加载插件
yum-config-manager --enable nginx-mainline
```

步骤 3：完成上述配置后执行 "yum install nginx -y" 命令即可安装 Nginx 服务器，如图 2-98 所示，安装成功后终端将输出安装成功的提示，如图 2-99 所示。

```
# 安装 Nginx 服务器
yum install nginx -y
```

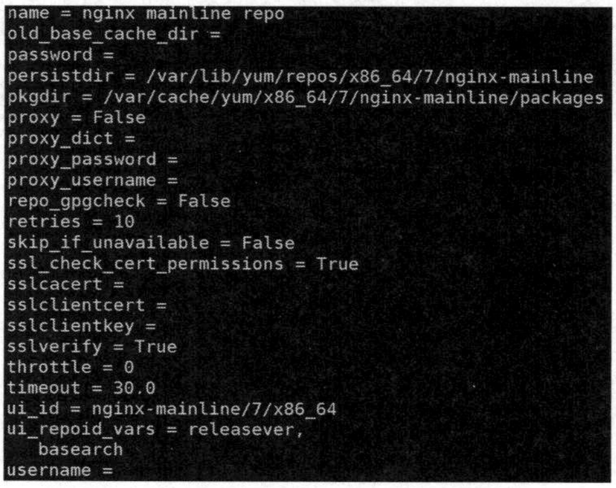

图 2-97　Nginx 服务器安装前配置成功

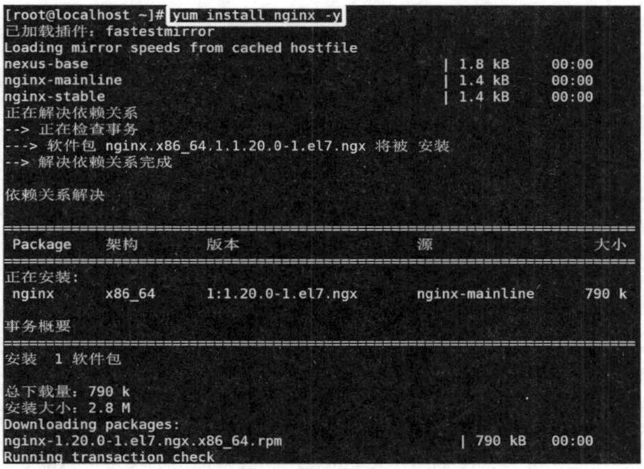

图 2-98　安装 Nginx 服务器

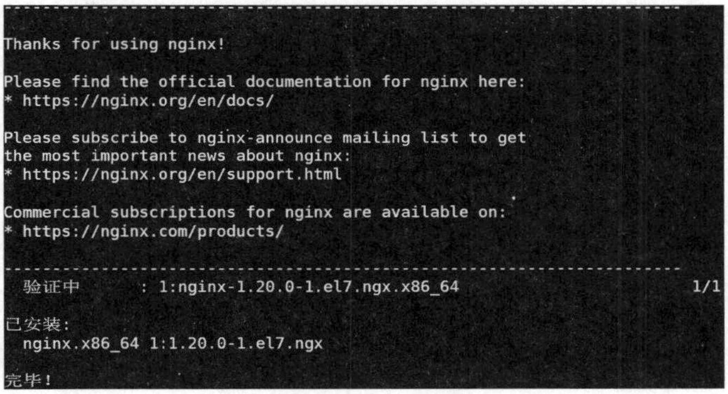

图 2-99　Nginx 服务器安装成功

步骤 4：执行 "systemctl start nginx" 命令，启动 Nginx 服务器，然后查看 Nginx 服务器状态，若出现 "active(running)" 的字样，则表示 Nginx 服务器启动成功，如图 2-100 所示。

```
# 启动 Nginx 服务器
systemctl start nginx
# 查看 Nginx 服务器状态
systemctl status nginx
```

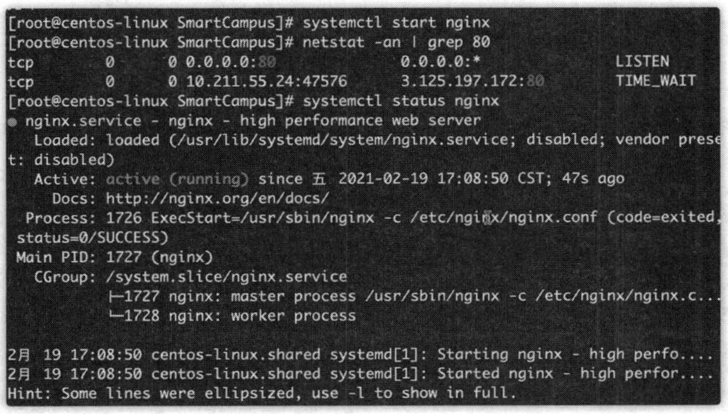

图 2-100　启动 Nginx 服务器

步骤 5：通过浏览器访问智慧校园服务端虚拟机的 IP 地址来查看 Nginx 服务器是否正常启动。若虚拟机的 IP 地址是 192.168.1.20，则使用浏览器访问 http://192.168.1.20。若看到如图 2-101 所示的页面，则表示 Nginx 服务器已正常安装和启动。

图 2-101　启动成功

步骤 6：如果无法访问此页面，则需要检查智慧校园服务端虚拟机是否使用了"192.168.1.20"的 IP 地址。可以通过开始菜单搜索框打开 Windows 上的命令提示符进行查看，如图 2-102 所示。

图 2-102　打开命令提示符

打开后，使用"ping 192.168.1.20"命令查看计算机是否能通过智慧校园服务端虚拟机桥接网卡连接智慧校园服务端虚拟机，如图 2-103 所示。如果出现"无法访问目标主机"的提示，则需要重新检查智慧校园服务端虚拟机设置中桥接网卡的界面是否为连接路由器所使用的网卡。

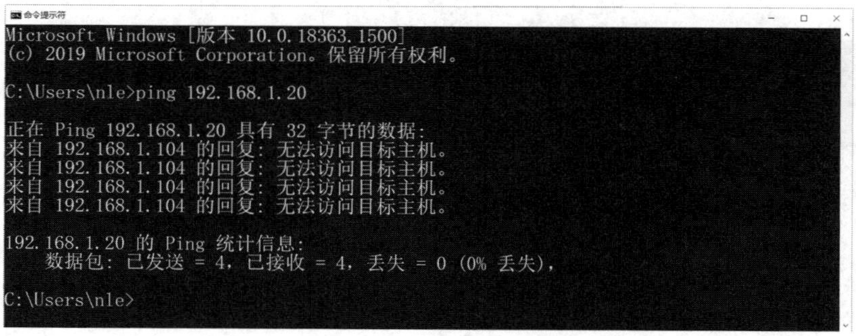

图 2-103　查看虚拟机是否桥接

除此之外，还需要检查 IP 地址配置文件是否修改无误。可查看本项目任务一任务实施中"修改虚拟机 IP 地址"的内容。

2．修改 Nginx 配置

任务要求：修改 Nginx 配置，使之符合智慧校园服务端的配置要求。

步骤 1：智慧校园服务端应用系统为边缘端、客户端等提供 API 接口和管理系统，接口通过 HTTP 协议实现，所以在 Nginx 配置中只需要配置一个 HTTP 接口服务即可。使用 vi 文本编辑器打开 Nginx 配置文件。

```
# 备份 Nginx 配置文件
cp /etc/nginx/conf.d/default.conf /etc/nginx/conf.d/default.conf.bak
# 修改 Nginx 配置文件
vi /etc/nginx/conf.d/default.conf
```

步骤 2：将对外监听端口修改成 8080 端口。在"location"代码块中配置 3 个功能，一是代理本地 5000 端口的服务，即智慧校园服务；二是设置用于获取请求设备或客户端的 IP 地址；三是执行"proxy_pass_header Set_Cookie"命令，允许服务端设置 cookie 信息。修改后的配置如图 2-104 所示，配置完成后按 Esc 键，然后输入":wq"保存并退出。

```
# 添加配置信息
proxy_pass http://127.0.0.1:5000;
proxy_set_header X-Real-IP $remote_addr;
proxy_pass_header Set_Cookie;
```

图 2-104　配置文件

步骤 3：使用"nginx -t"命令，检查修改后的配置文件是否有语法错误，图 2-105 所示为语法正确，图 2-106 所示为语法错误。

```
# 检查修改后的配置文件是否有语法错误
nginx -t
```

图 2-105　语法正确

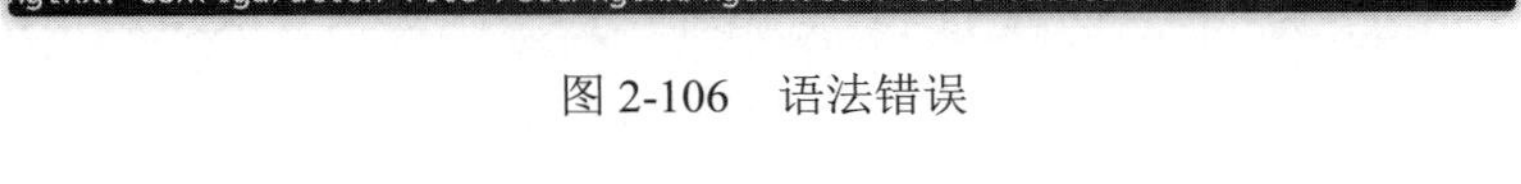

图 2-106　语法错误

步骤 4：如果发现检查提示有错误，使用 vi 文本编辑器再次打开配置文件，查看错误位置并对照步骤 3 进行修改。修改后进行语法检查，确认语法正确后进入下一步骤。

步骤 5：由于智慧校园应用服务运行在 root 的用户权限下，而 Nginx 默认配置运行在 Nginx 用户下，所以还需要将 Nginx 运行用户修改成 root 用户，如图 2-107 所示。

```
# 备份 Nginx 配置文件
cp /etc/nginx/nginx.conf /etc/nginx/nginx.conf.bak
# 打开 Nginx 配置文件
vi /etc/nginx/nginx.conf
```

图 2-107　配置文件

步骤 6：停止 Nginx，命令如下所示。

```
# 停止 Nginx
pkill nginx
```

五、启动应用服务程序

任务要求：所有任务完成后，使用命令启动 Linux 服务端软件与 PC 客户端软件，并验证配置是否成功。

步骤 1：启动 Nginx 服务器并进入智慧校园虚拟环境，命令如下所示。

```
# 通过配置文件启动 Nginx 服务器
nginx -c /etc/nginx/nginx.conf
# 进入智慧校园虚拟环境
source /root/pyenv/bin/activate
```

步骤 2：启动应用程序，命令如下所示。

```
# 进入代码目录
cd /root/data/SmartCampus/
# 让应用程序以后台模式运行
nohup python3 AiServer.py &
```

步骤 3：检测应用程序是否正常启动，命令如下所示，结果如图 2-108 所示。

```
# 查看 Python 进程
ps -ef|grep python
```

```
(pyenv) [root@centos-linux SmartCampus]# ps -ef | grep python
root      1862  1392  2 17:39 pts/0    00:00:00 python AiServer.py
root      1867  1392  0 17:39 pts/0    00:00:00 grep --color=auto python
```

图 2-108　查看 Python 进程

步骤 4：若结果如图 2-108 所示，则表明服务端应用代码正常启动，试着用浏览器访问应用服务，比如智慧校园服务端应用虚拟机的 IP 地址是 192.168.1.20，访问 http://192.168.1.20:8080，若页面显示 Hello World!，则表明服务端接口正常，如图 2-109 所示。

图 2-109　显示结果

步骤 5：配置智慧校园客户端，打开"..\配套资料\项目二\AiClient"目录，如图 2-110 所示。

图 2-110　AiClient 客户端

步骤 6：使用记事本打开 config.ini 配置文件，如图 2-111 所示。

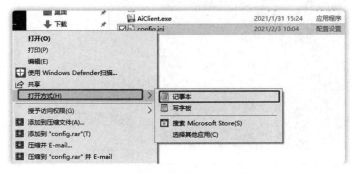

图 2-111　配置客户端文件

步骤 7：将 server_ip 修改成上述配置的服务端地址，如果本次配置的虚拟机的 IP 地址是 192.168.1.20，则服务端地址为 http://192.168.1.20:8080，如图 2-112 所示。

图 2-112   修改服务端地址

步骤 8：按"Ctrl+S"快捷键保存配置文件，然后关闭记事本，双击 AiClient.exe 客户端，如图 2-113 所示。

图 2-113   AiClient.exe 客户端

步骤 9：在弹出的界面中单击智慧校园图标，如图 2-114 所示。

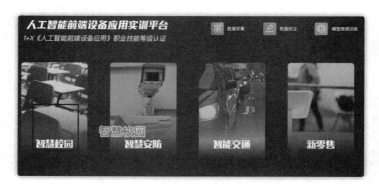

图 2-114   智慧校园

步骤 10：在弹出的智慧校园综合管理平台登录界面中输入用户名"admin"，密码"123456"，单击"登录"按钮，如图 2-115 所示。

图 2-115   登录界面

步骤 11：如果可以正常进入管理后台界面，则表明客户端与服务端数据对接正常，如图 2-116 所示。

图 2-116　管理后台界面

【任务检查与评价】

完成任务实施后，进行任务检查与评价，任务检查与评价表存放在本书配套资源中。

【任务小结】

本任务首先介绍了数据库和 MySQL 数据库的基本概念，包括数据库的特点和基于 MySQL 数据库的 SQL 语句及其作用；其次介绍了服务器的构成、提供的服务类型及 Nginx 服务器的特点；最后结合任务实施，讲解了如何使用 SQL 语句安装和配置数据库。

通过本任务的学习，读者可掌握如何远程连接并操作 Linux 系统，对 MySQL 数据库进行基本的备份还原操作，以及如何配置并搭建 Nginx 服务器。本任务的知识技能思维导图如图 2-117 所示。

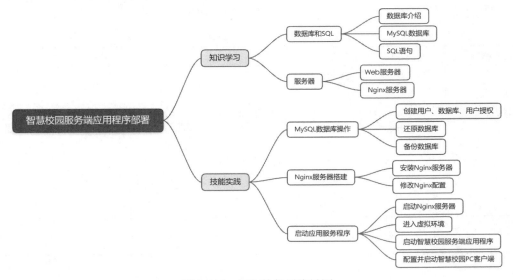

图 2-117　知识技能思维导图

【任务拓展】

尝试使用 root 用户登录 MySQL 数据库，创建一个名为"supermarket"的数据库并查看是否创建成功；再将"supermarket"数据库删除，并查看是否删除成功。

任务三　智慧校园应用系统验证

【职业能力目标】

- 能够正确配置 AI 边缘网关参数；
- 能够完成智慧校园场景验证；
- 能够完成 PC 端智慧校园综合管理平台系统验证。

【任务描述与要求】

任务描述：

本任务的主要内容是 AI 边缘网关应用和 PC 端智慧校园综合管理平台系统验证。通过在 AI 边缘网关上运行人脸门禁识别、车牌门禁识别、无人超市等智慧校园应用可以验证实训平台中的应用是否正常运作。通过 PC 端智慧校园综合管理平台系统，对用户信息和车牌信息进行管理，可以验证智慧校园服务端应用程序部署是否成功。

任务要求：

- 配置 AI 边缘网关参数；
- 完成智慧校园场景验证；
- 完成 PC 端智慧校园综合管理平台系统验证。

【任务分析与计划】

根据所学相关知识，请制订本任务的实施计划，如表 2-4 所示。

表 2-4　任务计划表

项目名称	智慧校园应用系统部署
任务名称	智慧校园应用系统验证
计划方式	自行设计
计划要求	请用 6 个计划步骤来完整描述如何完成本任务
序号	任务计划
1	
2	
3	
4	
5	
6	

【知识储备】

本任务的知识储备主要介绍嵌入式 Linux 操作系统、边缘计算与 AI 边缘网关。

一、嵌入式 Linux 操作系统

边缘网关的操作系统为嵌入式 Linux 操作系统，在此先对嵌入式 Linux 操作系统做简单介绍。

嵌入式系统出现于 20 世纪 60 年代晚期，它最初被用于控制机电电话交换机，如今已被广泛地应用于工业制造、过程控制、通信、仪器、汽车、船舶、航空、航天、军事装备、消费类产品等领域。不同架构的 CPU，每年在全球范围内的产量在二十亿块左右，其中超过 80% 的 CPU 应用于专用性很强的嵌入式系统。一般而言，凡是带有微处理器的专用软硬件系统都可以称为嵌入式系统。

嵌入式 Linux 操作系统是将日益流行的 Linux 操作系统进行裁剪修改，使之能在嵌入式计算机系统上运行的一种操作系统，如图 2-118 所示。嵌入式 Linux 操作系统既继承了 Linux 操作系统开源的特性，又具有嵌入式操作系统的特性。除此之外，Linux 操作系统做嵌入式的优势还有效率高、内核小、系统可定制、易维护、软件易移植等优点。同时，Linux 操作系统内核的结构在网络方面是非常完整的，Linux 操作系统对网络中最常用的 TCP/IP 协议有完备的支持。

图 2-118　嵌入式 Linux 操作系统

使用 Linux 操作系统作为嵌入式系统的特点是，在 Linux 操作系统下，应用程序运行的上下文与内核完全分离，除了内核分配的内存和资源外，应用程序无法访问其他的内存或资源。这意味着即使缺陷的程序也会与内核和其他程序隔离开来，从而保护其他程序的安全运行和保证系统不易被破坏。

二、边缘计算与 AI 边缘网关

随着信息化技术的发展，以及 5G、AI、万物物联时代的到来，网络边缘的设备数量和其产生的数据量都急剧增长。2021 年，全球范围内有超过 500 亿台的终端设备，这些设备每年产生的数据总量将达到 847ZB，其中约有 10% 的数据需要进行计算处理。另外，智能终端设备已成为人们生活的一部分，人们对服务质量的要求有了进一步提升。在这种情况下，以云计算为代表的集中式处理模式将无法高效地处理边缘设备产生的数据，无法满足人们对服务质量的需求，其劣势主要体现在以下两个方面。

- 实时性不够。在云计算服务模式下，应用需要将数据传送到云计算中心进行处理，增大了系统的时延。以无人驾驶汽车为例，高速行驶的汽车需要在毫秒级的时间内响应，一旦因数据传输、网络等问题而导致系统响应时间增加，将会造成严重的后果。
- 带宽不足。边缘设备产生的大量数据全部传输至云计算中心，给网络带宽造成了极大的压力。例如，飞机波音 787 每秒产生的数据超过 5GB，但飞机与卫星之间的带宽不足以支持数据的实时传输。

边缘计算的提出成为解决这些问题的有效方法。智慧校园项目中的服务端运用到了 AI 边缘网关与边缘计算，使得 AI 应用可以在嵌入式设备上运行。

1. 边缘计算

边缘计算是指将计算任务部署到靠近数据源的网络边缘侧的设备上，融合网络、计算、存储、应用核心能力的分布式开放平台，就近提供边缘智能服务，满足行业数字化在敏捷连接、实时业务、数据优化、应用智能、安全与隐私保护等方面的关键需求。它可以作为连接物理和数字世界的桥梁，使能智能资产、智能网关、智能系统和智能服务，如图 2-119 所示。

图 2-119　边缘计算

边缘计算解决方案将数据的分析与处理放在更贴近 IoT（物联网）设备的地方，有效地分担了中心数据处理的压力，同时加快了数据处理的速度，缩短了数据的传输距离，从而解决带宽和延迟问题。

2. 边缘计算与云计算的比较

边缘计算通过靠近数据源位置的边缘端设备执行计算，运算既可以在大型运算设备内完成，也可以在中小型运算设备、本地端网络内完成，如图 2-120 所示，与云计算相比，边缘计算更靠近终端，存在诸多优良特性。

- 效率：实时处理和分析数据，提高应用程序效率。
- 成本：处理和过滤大量数据，减少网络流量和数据管理成本。
- 灵活：根据个人需求调整模型，提升个性化互动体验。
- 隐私：不需要长距离传输数据，减少隐私数据传输所带来的泄露风险。

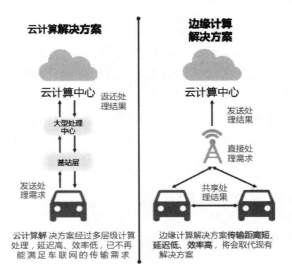

图 2-120 云计算与边缘计算

3．边缘计算应用场景

边缘计算将与 5G 通信、物联网、AI 等新兴技术融合发展，在各领域推广应用，促使新的业务形态产生，如智能驾驶汽车（包括辅助驾驶、自动驾驶和无人驾驶）。边缘计算应用场景如图 2-121 所示。

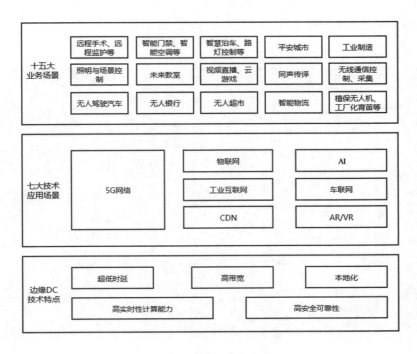

图 2-121 边缘计算应用场景

4．AI 边缘网关

AI 边缘网关是部署在网络边缘侧的网关，通过网络连接、协议转换等功能连接物理和数字世界，提供轻量化的连接管理、实时数据分析及应用管理功能。

AI 边缘网关拥有强劲的边缘计算能力，在网络边缘节点实现数据优化、实时响应、敏捷连接、智能分析；显著减少现场端与中心端的数据流量，并避免云端计算能力遇到瓶颈，发挥工业数据的真正价值；广泛应用于电力、工业自动化、交通、农业、环保等场景。

【任务实施】

要完成本任务，可以将实施步骤分成以下 4 步。

- 在 AI 边缘网关上部署应用程序。
- 配置 AI 边缘网关参数。
- 智慧校园场景验证。
- PC 端智慧校园综合管理平台系统验证。

在所有任务完成后，验证所有模块是否正常运行、功能是否正常。

实施步骤如下。

一、部署边缘应用程序

步骤 1：若 AI 边缘网关处于"开发模式"，则需要切换至"案例演示"界面。在该界面配置 AI 边缘网关的 IP 地址，启动 AI 边缘网关，出现如图 2-122 所示的界面后，单击"设置"按钮。

图 2-122　系统启动界面

步骤 2：根据路由器配置的网关地址和网段，设置 AI 边缘网关的 IP 地址。例如，本次路由器配置的网关地址为"192.168.1.1"，网段为"192.168.1.0"，设置 AI 边缘网关的 IP

地址为"192.168.1.12",如图 2-123 所示。

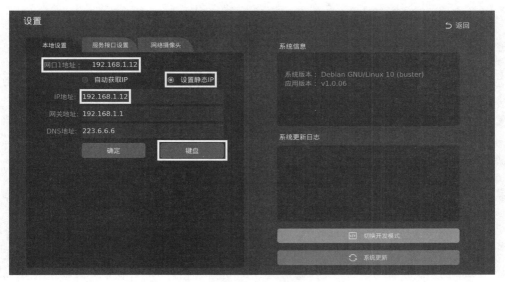

图 2-123 设置 AI 边缘网关的 IP 地址

步骤 3：配置完成后单击"确定"按钮，出现提示弹窗后，单击"确定"按钮即可，使用 Xshell 通过 SSH 协议连接 AI 边缘网关，如图 2-124 所示。

图 2-124 连接 AI 边缘网关

步骤 4：连接的用户名和密码都为"nle"。进入 AI 边缘网关系统，如图 2-125 所示。

图 2-125　进入 AI 边缘网关系统

步骤 5：创建新版本代码运行目录，执行命令"mkdir v02"，创建一个以"v02"命名的目录，如图 2-126 所示。

```
nle@debian10:~$ mkdir v02
nle@debian10:~$ ls
Desktop      Music      Templates             linpc                  screenshot
Documents    Pictures   Videos                notebook               smart_home_debug
Downloads    Public     face_detect_debug     public_safety_debug    v02
```

图 2-126　创建目录

步骤 6：将应用程序代码上传到 AI 边缘网关上，切换至 v02 目录。使用 Xftp 将"..\项目二\AiSmartCampusU"文件夹上传至 v02 目录下，如图 2-127 所示。

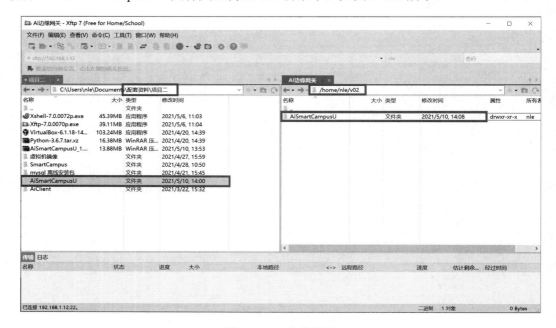

图 2-127　上传代码

步骤 7：切换至开机自启动配置文件所在的目录，并使用 vi 文本编辑器编辑开机自启动配置文件。

```
# 切换文件路径
cd /usr/local/00_demo/15_autostart/02_usr/
# 备份开机自启动脚本
```

```
cp usr.sh usr.sh.bak
# 修改开机自启动脚本
sudo vim usr.sh
# 弹出提示后，输入超级管理员密码（[sudo] password for nle:）
nle
```

步骤 8：找到如图 2-128 所示的代码段。

```
if [ -n "$(lspci)" ];then
        echo "There is a $(lspci) device"
        sleep 2
        if [ -z "$(ls /dev/mmcblk0)" ];then
                #***1.按命令行方式启动python程序***#
                #cd /home/nle/AiSmartHomeD
                #echo nle | sudo -S python3 ConnectServer.py
                #***1.2***#
                expect -c "
                        spawn sudo -s
                        expect \"*password\"
                        send \"nle\n\"
                        expect \"#*\"
                        send \"cd /.data/AiSmartCampusU\r\"
                        send \"python3 SmartCampus.py\r\"
                        interact
                        expect eof
                "
        else
```

图 2-128　修改前的代码

修改此段代码，如图 2-129 所示。

```
# 输入如下所示的开机自启动脚本路径
send \"cd /home/nle/v02/AiSmartCampusU\r\"
```

```
if [ -n "$(lspci)" ];then
        echo "There is a $(lspci) device"
        sleep 2
        if [ -z "$(ls /dev/mmcblk0)" ];then
                #***1.按命令行方式启动python程序***#
                #cd /home/nle/AiSmartHomeD
                #echo nle | sudo -S python3 ConnectServer.py
                #***1.2***#
                expect -c "
                        spawn sudo -s
                        expect \"*password\"
                        send \"nle\n\"
                        expect \"#*\"
                        send \"cd /home/nle/v02/AiSmartCampusU\r\"
                        send \"python3 SmartCampus.py\r\"
                        interact
                        expect eof
                "
        else
```

图 2-129　修改后代码

完成后按 Esc 键退出编辑模式，并输入 ":wq" 保存配置文件。

步骤 9：执行 "sudo reboot now" 命令，重启 AI 边缘网关，系统应用更新应用代码。

在重启 AI 边缘网关后，查看显示器界面，看是否出现如图 2-122 所示的系统启动界面。

```
# 重启 AI 边缘网关
sudo reboot now
```

二、配置 AI 边缘网关参数

任务要求：配置 AI 边缘网关的 IP 地址等参数，使边缘设备与 AI 边缘网关达成连接。

1. 配置智能人脸一体机

请根据项目一任务二任务实施的 "设备配置与调试" 中 "配置智能人脸一体机" 的步

骤还原并配置智能人脸一体机。

2. 配置 AI 边缘网关

步骤 1：在图 2-122 的界面中单击"设置"按钮，进入设置界面。

步骤 2：单击"设置静态 IP"单选按钮，根据路由器的网关设置，填上 IP 地址和网关地址，注意设置的 IP 地址不能和同一网段下的其他设备重复。这里将静态 IP 地址设置为和项目一相同的 IP 地址"192.168.1.12"，如图 2-130 所示。

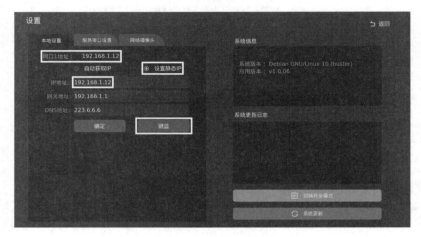

图 2-130　设置 IP 地址

步骤 3：单击"服务接口设置"选项卡，将接口地址设置为智慧校园服务端桥接网卡的静态 IP 地址。在本项目的任务一中已将虚拟机桥接网卡的静态 IP 地址设置为"192.168.1.20"，此地址为智慧校园服务端桥接网卡的 IP 地址，如图 2-131 所示。

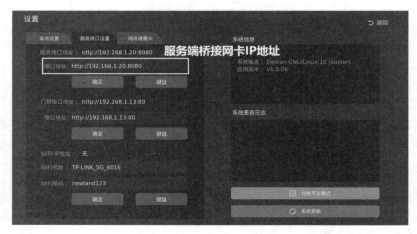

图 2-131　设置服务接口地址

步骤 4：查看左下方智能人脸一体机的 IP 地址，默认智能人脸一体机的 IP 地址是自动获取的，如图 2-132 所示。

图 2-132　查看智能人脸一体机的 IP 地址

步骤 5：如图 2-133 所示，单击"服务接口设置"选项卡，并在"门禁接口地址"文本框中输入智能人脸一体机的接口地址，注意需要添加上 80 的端口号，如"http://192.168.1.13:80"。

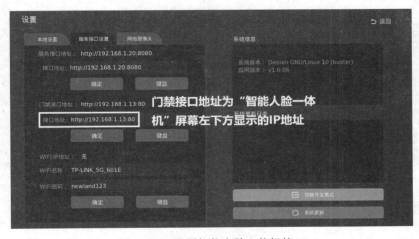

图 2-133　配置智能人脸一体机接口

步骤 6：单击"网络摄像头"选项卡，填入枪型摄像头的 rtsp 地址，如图 2-134 所示。

```
# rtsp 地址格式
rtsp://用户名:密码@ip:端口号
# 枪型摄像头默认的 rtsp 地址
rtsp://admin:newland123@192.168.1.64:554
```

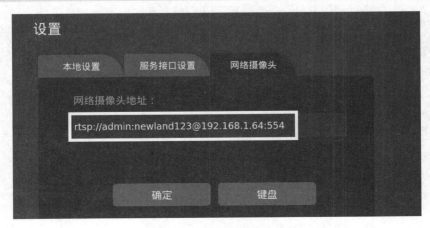

图 2-134　设置网络摄像头地址

步骤 7：设置好后使用开关机按键重启 AI 边缘网关。

三、智慧校园场景验证

步骤 1：单击图 2-122 界面中的"智慧校园"图标进入智慧校园系统。

步骤 2：边缘端数据库中设有默认的管理员账户，单击"管理员登录"右侧的箭头按钮，然后输入管理员密码"123456"，如图 2-135 所示。

图 2-135　登录管理界面

步骤 3：在"选择注册用户类型"中选择"学生"，如图 2-136 所示。

图 2-136　注册用户

步骤 4：输入学生学号"20210001"，拍照获取人脸，人脸正常框住后，单击"拍照"按钮，如图 2-137 所示。

图 2-137 输入学生学号

步骤 5：拍照获取到的照片在注册成功框中会被显示出来，确认正确无误后，单击"注册"按钮，如图 2-138 所示。

图 2-138 注册成功

步骤 6：注册完成后在用户管理界面可以看到注册成功的用户信息，如图 2-139 所示。

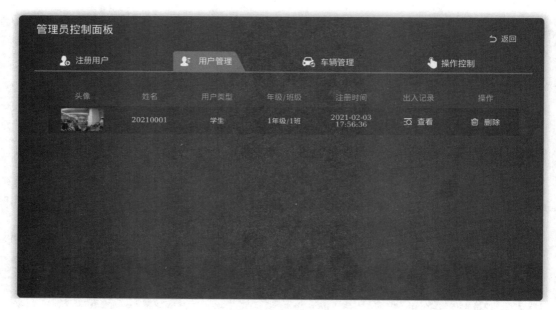

图 2-139　注册信息

步骤 7：录入车牌信息，单击"操作控制"选项卡，进入操作控制界面，如图 2-140 所示。

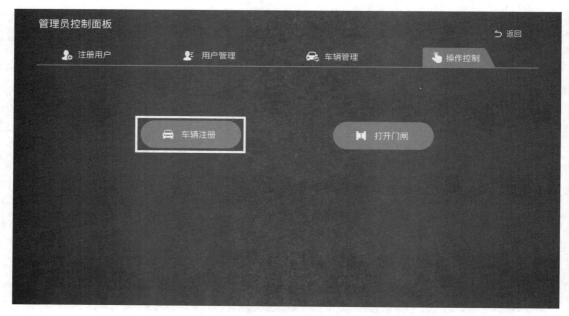

图 2-140　操作控制界面

单击"车辆注册"按钮，录入车牌号码，如图 2-141 所示。

注册车辆
蓝牌
闽
A68B86
确认
取消
1
2
3
@
4
5
6
/
7
8
9
英文
.
0
删除

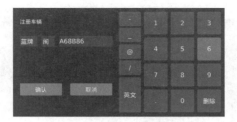

图 2-141　录入车牌号码

注册完成后进入车辆管理界面，查看车辆信息是否已录入，如图 2-142 所示。

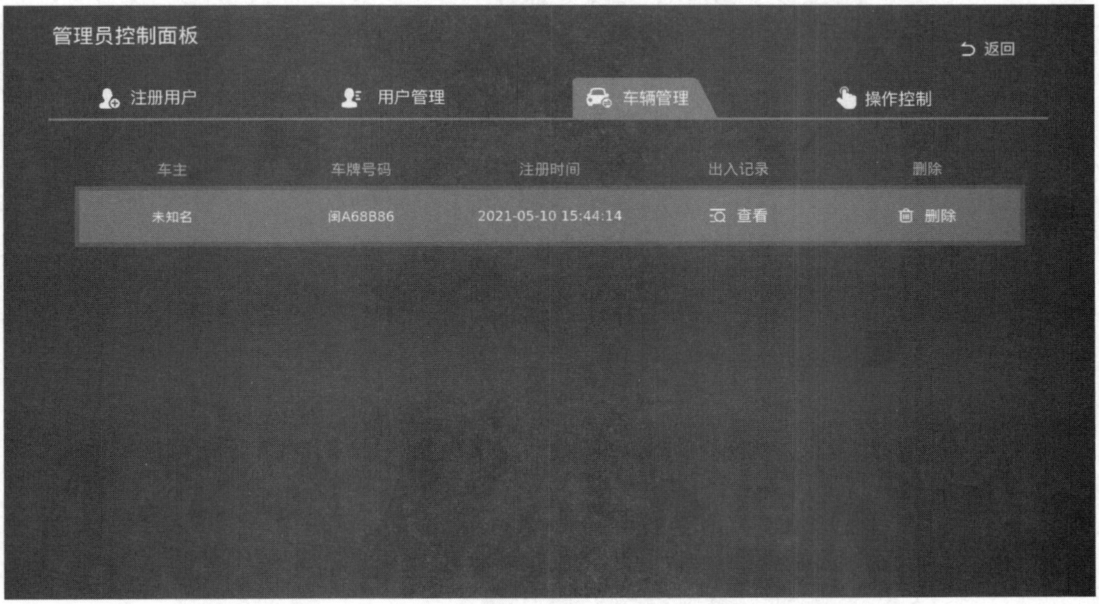

管理员控制面板
返回
注册用户
用户管理
车辆管理
操作控制
车主
车牌号码
注册时间
出入记录
删除
未知名
闽A68B86
2021-05-10 15:44:14
查看
删除

图 2-142　车辆管理界面

步骤 8：单击右上角“返回”按钮，再次单击右上角“返回”按钮，回到初始界面，如图 2-122 所示。

步骤 9：选择进入智慧校园，然后将人脸正对智能人脸一体机，正常识别后，将进入智慧校园应用，如图 2-143 所示。

注销
返回
智慧校园
无人超市
智慧课堂
新大陆教育
Newland Edu

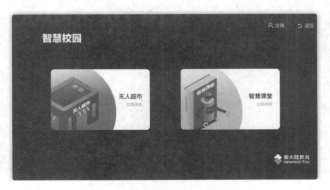

图 2-143　智慧校园人脸识别

步骤 10：选择无人超市进行购物来验证实验，如图 2-144 所示。

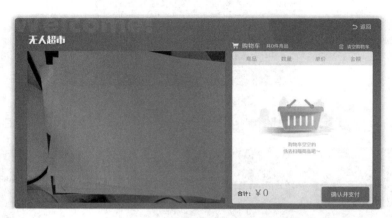

图 2-144　验证购物实验

步骤 11：放入模型，如篮球，如图 2-145 所示。

图 2-145　放入模型

步骤 12：物体正确识别后，移出模型，如图 2-146 所示。

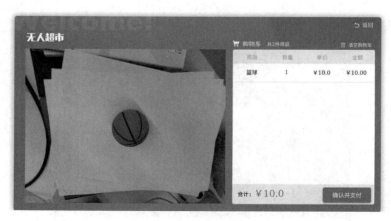

图 2-146　移出模型

步骤 13：单击"确认并支付"按钮，进行人脸识别支付，智慧校园无人超市验证成功，如图 2-147、图 2-148、图 2-149 所示。

图 2-147　人脸识别支付 1

图 2-148　人脸识别支付 2

图 2-149　人脸识别支付 3

步骤 14：再次进入智慧校园，单击"车牌识别门禁"图标，进入车辆识别界面，如图 2-150 所示。

图 2-150　车辆识别界面

步骤 15：使用车牌模型进行识别后，将出现门闸打开画面，如图 2-151 所示。

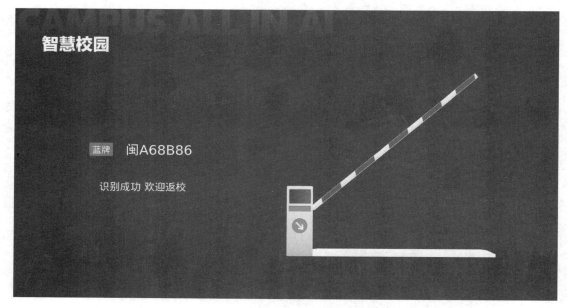

图 2-151　门闸打开

四、PC 端智慧校园综合管理平台系统验证

提示：如果读者在本项目任务二实施过程中遇到问题，可以使用配套教材中的

SmartCampusVm_task3.vdi 镜像继续本项目任务三的实际操作。具体操作方法如下，可参考本项目任务二的任务实施部分。

步骤 1：启动智慧校园服务端虚拟机，使用 Xshell 远程连接智慧校园服务端，如图 2-152 所示。

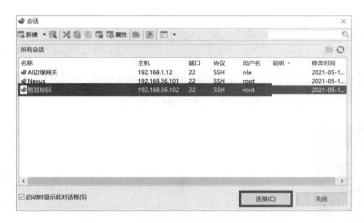

图 2-152　连接智慧校园服务端虚拟机

步骤 2：启动 Nginx 服务器并启动智慧校园服务端应用，如图 2-153 所示。如果忘记了具体的操作步骤，可参考本项目任务二任务实施中的"启动应用服务程序"的操作步骤。

```
# 通过配置文件启动 Nginx 服务器
nginx -c /etc/nginx/nginx.conf
# 进入智慧校园虚拟环境
source /root/pyenv/bin/activate
# 进入代码目录
cd /root/data/SmartCampus/
# 让应用程序以后台模式运行
nohup python3 AiServer.py &
# 查看 Python 进程
ps -ef|grep python
```

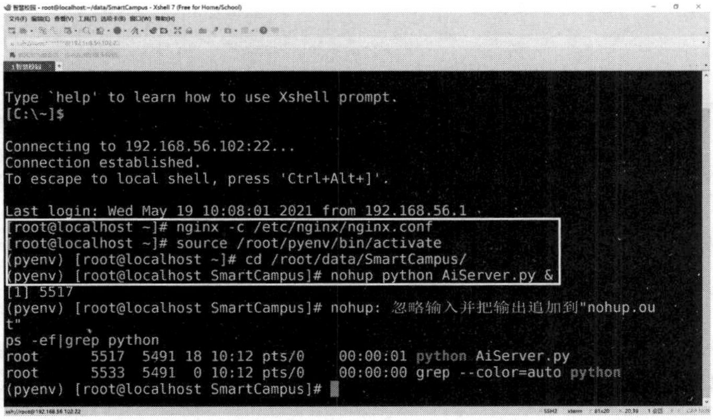

图 2-153　启动智慧校园服务端应用

在浏览器中输入"192.168.1.20:8080"，如果可以看到"Hello World!"，则说明智慧校园服务端应用启动成功，如图 2-154 所示。

图 2-154　智慧校园服务端应用启动成功

步骤 3：在智慧校园服务端应用成功启动之后，需要重新启动 AI 边缘网关，使边缘端应用于服务器中的数据同步。在 AI 边缘网关重启之后，打开 "..\项目二\AiClient\AiClient.exe" 智慧校园 PC 客户端应用。登录 PC 端智慧校园综合管理平台后，可以在用户管理界面看到在智慧校园场景验证的过程中注册的用户信息和出入记录，并可以在此编辑或删除用户信息，如图 2-155 所示。

图 2-155　用户管理界面

步骤 4：单击"出入记录"下的"查看"图标，查看学生出入校园的信息，如图 2-156 所示。

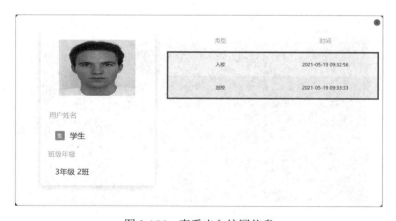

图 2-156　查看出入校园信息

步骤 5：单击"操作"下的"编辑"图标，修改学生的个人信息，如图 2-157 所示。

步骤 6：单击"删除"图标，从数据库中删除用户，如图 2-158 所示。

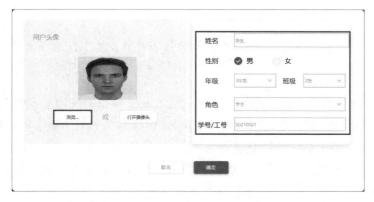

图 2-157　修改学生的个人信息

图 2-158　删除用户

可以看到用户从数据库中被删除，如图 2-159 所示。

图 2-159　用户从数据库中被删除

步骤 7：在车辆管理界面中可以看到已注册的车牌信息，可以查看车辆的"通行记录"，编辑车牌相关信息或删除车辆信息，如图 2-160 所示。

图 2-160　车辆管理界面

【任务检查与评价】

完成任务实施后，进行任务检查与评价，任务检查与评价表存放在本书配套资源中。

【任务小结】

本任务首先简要介绍了 AI 边缘网关操作系统，即嵌入式 Linux 操作系统的基本概念；然后介绍了边缘计算的定义、特点、架构与应用场景，以及 AI 边缘网关的基本概念；最后结合任务实施，详细讲解了如何部署边缘应用系统。

通过本任务的学习，读者可掌握如何配置 AI 边缘网关参数并验证智慧校园场景和 PC端智慧校园综合管理平台系统。本任务的知识技能思维导图如图 2-161 所示。

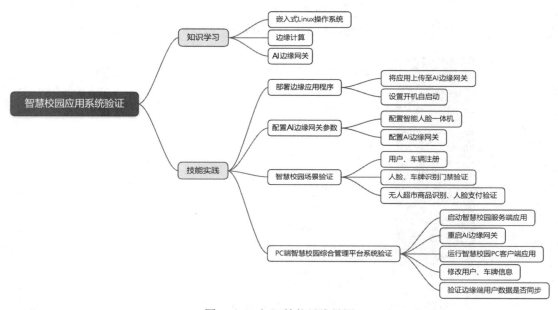

图 2-161　知识技能思维导图

【任务拓展】

参考通过"智慧校园综合管理平台"中的"用户管理"查看用户出入记录和编辑用户信息的步骤，查看车辆的出入记录并编辑车牌相关信息。

项目三
智慧社区数据采集与标注

【引导案例】

智慧社区是社区管理的一种新理念，是新形势下社会管理创新的一种新模式。智慧社区是指充分利用物联网、云计算、移动互联网等新一代信息技术的集成应用，为社区居民提供一个安全、舒适、便利的现代化、智慧化生活环境，从而形成基于信息化、智能化社会管理与服务的一种新的管理形态的社区。智慧社区建设能够有效推动经济转型，促进现代服务业发展。

学会安装并使用各种图像数据采集及预处理工具、图像标注、语音识别和文本标注是人工智能技术应用的基础技能。本项目使用的工具主要有 JupyterLab 交互式应用程序、精灵标注助手等。图像数据采集到模型部署的主要任务如图 3-1 所示。

图 3-1　图像数据采集到模型部署的主要任务

图 3-1 给出了从图像数据采集到模型部署的过程中涉及的重要步骤。项目三中的四个任务分别为图像数据采集、图像数据预处理、图像标注和语音识别与文本标注，包括在 AI 边缘网关上对图像和文本数据进行采集和预处理，并在本地 PC 上完成数据标注等任务。

其中，图像数据采集、图像数据预处理、图像标注三个任务是典型的模型训练前数据集准备任务。在项目四中，读者可以学习如何使用标注后的数据训练深度神经网络模型，并将训练好的模型部署在边缘端设备上。

通过本项目的学习，读者可以了解图像数据采集的方法、标注工具环境的搭建，以及采集和标注的流程。

任务一　图像数据采集

【职业能力目标】

- 能够搭建图像数据采集所需的环境；
- 能够完善图像采集代码；
- 能够完成物品图像的采集。

【任务描述与要求】

任务描述：

本任务要求完成物品图像的采集。读者需要理解图像采集代码，并完善代码进行图像数据的采集。采集后的图像将保存在 AI 边缘网关中，将作为本项目任务二中图像数据增强的数据集。

任务要求：

- 将图像采集代码上传至 AI 边缘网关；
- 使用浏览器打开 AI 边缘网关上的 JupyterLab 应用；
- 根据 JupyterLab 中的教程和提示完善图像采集代码；
- 运行图像采集代码，超市商品图像的采集。

【任务分析与计划】

根据所学相关知识，请制订本任务的实施计划，如表 3-1 所示。

表 3-1　任务计划表

项目名称	智慧社区数据采集与标注
任务名称	图像数据采集
计划方式	自行设计
计划要求	请用 8 个计划步骤来完整描述如何完成本任务
序号	任务计划
1	
2	
3	
4	
5	
6	
7	
8	

【知识储备】

本任务的知识储备主要介绍数据采集的相关知识、JupyteLab 应用程序的相关知识和 OpenCV 图像处理库。

一、数据采集的相关知识

在项目实施的过程中将会进行图像数据的采集，为后续训练模型提供数据。下面简单介绍数据采集、图像数据采集、数据采集系统的维护。

1. 数据采集

数据采集又称数据获取，它利用一种装置，从系统外部采集数据并输入系统内部的一个接口。数据采集技术广泛应用于各个领域，如车辆识别、门禁、超市零售等。常用的数据采集工具主要有数据采集仪表、摄像头、传声器等。

在 AI 前端设备中，主要包括以下两类数据的采集。

1）图像数据采集

将摄像头获取到的图形或图像数字化的过程称为图像数据采集，此时被采集的是几何量（或包括物理量，如灰度）数据。摄像头如图 3-2 所示。

2）音频数据采集

通过设置传声器参数，如采样率、采样位数、通道数等，将传声器采集到的音频数据（声音样本）转换为数字信号的过程，称为音频数据采集。语音采集播放设备如图 3-3 所示。

图 3-2　摄像头

图 3-3　语音采集播放设备

通常来说，进行数据采集之前，首先要明确客户对数据的需求，与客户沟通，总结数据收集字段；然后依照客户需求，确定数据采集范围，并确定采集工具；最后确定数据存储的方式。在数据采集过程中，需要遵循三大要点：采集的全面性、采集的多维性、采集的高效性。

2. 图像数据采集

一般而言，在机器学习领域，数据的规模越大，质量越高，模型精确度越高，数据量很大程度上决定了模型精确度的上限。增加数据量的一个直接方式是自行采集，通常可以通过摄像头或图像采集卡将图像保存至计算机进行处理，为后续模型训练做准备。为了提高模型精确度，要保证图像数据的多样性，图像需要从不同角度、不同方向及不同光照度下进行采集，并保证采集到的不同样本比例平衡。

3. 数据采集系统的维护

数据采集系统可以从数据的质量、采集与处理流程的稳定性、采集与处理的性能等多个方面进行维护。

二、JupyterLab 应用程序的相关知识

1．什么是 JupyterLab

JupyterLab 是 Project Jupyter 的下一代用户界面，提供所有熟悉的经典 Jupyter 笔记本构建模块（Notebook、终端、文本编辑器、文件浏览器、丰富的输出等），还有灵活而强大的用户界面。JupyterLab 的基本理念是将经典 Notebook 中的所有功能及新特性整合在一起，JupyterLab 的图标如图 3-4 所示。

图 3-4　JupyterLab 的图标

JupyterLab 作为一种基于 Web 的集成开发环境，具有编写 Notebook、操作终端、编辑 markdown 文本、打开交互模式、查看 csv 文件及图片等功能。

2．JupyterLab 组成部分

JupyterLab 中的代码块由网页应用和文档组成。

1）网页应用

网页应用是基于网页形式的，结合编写说明文档、数学公式、交互计算和其他富媒体形式的工具。简单来说，网页应用是可以实现各种功能的工具，JupyterLab 的界面如图 3-5 所示。

图 3-5　JupyterLab 的界面

2）文档

JupyterLab 中所有交互计算、说明文档、数学公式、图片及其他富媒体形式的输入和输出，都是以文档的形式体现的。这些文档是后缀名为.ipynb 的 JSON 格式文件，不仅便于版本控制，也方便与他人共享。此外，文档还支持以 HTML、LaTeX、PDF 等格式导出。

3．JupyterLab 的主要特点

（1）交互模式：Python 交互模式可以直接输入代码，然后执行，并立刻得到结果，因此 Python 交互模式主要是为了调试 Python 代码用的。

（2）内核支持的文档：可以在 Jupyter 内核中运行的任何文本文件（Markdown、Python、R 等）中启用代码。

（3）模块化界面：可以在同一个窗口中同时打开好几个 Notebook 或文件（HTML、TXT、Markdown 等），都以标签的形式展示，更像是一个 IDE。

（4）镜像 Notebook 输出：可以轻易地创建仪表板。

（5）同一文档多视图：能够实时同步编辑文档并查看结果。

（6）支持多种数据格式：可以查看并处理多种数据格式，也能进行丰富的可视化输出或者 Markdown 形式输出。

（7）云服务：使用 JupyterLab 连接 Google Drive 等服务，极大地提升了生产力。

4．JupyterLab 操作介绍

1）菜单栏介绍

菜单栏位于窗口顶部，一共有 8 个默认菜单，分别为文件、编辑、查看、运行、内核、标签页、设置和帮助，对应的功能如表 3-2 所示。

表 3-2　菜单栏

菜单	功能
文件	与文件和目录有关的操作
编辑	编辑文档和与其他活动有关的动作
查看	更改 JupyterLab 外观的动作
运行	用于在不同活动（如 Notebook 和代码控制台）中运行代码的动作
内核	用于管理内核的操作，内核是运行代码的独立过程
标签页	停靠面板中打开的文档和活动的列表
设置	常用设置和高级设置编辑器
帮助	JupyterLab 和内核帮助链接的列表

2）用户界面操作栏

界面右侧窗格为主要的工作区域，操作按钮所对应的功能，从左至右如表 3-3 所示。

表 3-3　操作栏

操作按钮	功能
💾	保存内容，并创建检查点
+	下方插入单元格
✂	剪切选中的单元格
🗐	复制选中的单元格
📋	从剪切板粘贴单元格

续表

操作按钮	功能
▶	运行选定的单元格并向前移动
■	终端内核
C	JupyterLab 和内核帮助链接的列表
▶▶	重启内核，并重新运行整个 Notebook
Markdown ∨	单元格状态

3）常用快捷键

常用快捷键如表 3-4 所示。

表 3-4　常用快捷键

快捷键	功能
Enter	转入编辑模式
Shift+Enter	运行本单元，选中下个单元
Ctrl+Enter	运行本单元
Alt+Enter	运行本单元，在其下插入新单元
Y	单元转入代码状态
M	单元转入 markdown 状态
R	单元转入 raw 状态
A	在上方插入新单元
B	在下方插入新单元
DD	删除选中的单元格

三、OpenCV 图像处理库

本任务中使用的图像数据采集环境为基于 AI 边缘网关的 Python3，在图像数据采集和图像数据预处理的过程中将使用 OpenCV-Python 图像处理库。在此对 OpenCV 图像处理库做简单介绍。

1. OpenCV

OpenCV 是一个基于 BSD 许可（开源）发行的跨平台计算机视觉库，轻量级而且高效，由一系列 C 函数和少量 C++ 类构成，同时提供了 Python、Ruby、MATLAB 等语言的接口，实现了图像处理和计算机视觉方面的很多通用算法，能够快速地实现一些图像处理和识别的任务。OpenCV 的图标如图 3-6 所示。

OpenCV 的应用领域非常广泛，包括图像拼接、图像降噪、产品质检、人机交互、人脸识别、动作识别、动作跟踪、无人驾驶等。OpenCV 库包含从计算机视觉各个领域衍生出来的 500 多个函数，包括工业产品质量检验、医学图像处理、安保、交互操作、相机校正、双目视觉及机器人学等领域的函数。

图 3-6　OpenCV 的图标

2．OpenCV-Python

OpenCV-Python 是一个适用于 Python 环境的 OpenCV 图像处理库，用于在 Python 中实现图像的获取、处理等操作。OpenCV-Python 为 OpenCV 提供了 Python 接口，使得使用者在 Python 中能够调用 C/C++代码，在保证易读性和运行效率的前提下，实现所需的功能，如图 3-7 所示。

图 3-7　调用 OpenCV-Python 库中的函数采集图像数据

【任务实施】

一、搭建采集环境

（1）图像数据采集环境说明如表 3-5 所示。

表 3-5　图像数据采集环境说明

环境列表	版本
Python	3.7.3
Debian	10

（2）代码使用的第三方库如表 3-6 所示。

表 3-6　代码使用的第三方库

库名	版本
OpenCV-Python	3.4.5
JupyterLab	3.0.15

（3）代码目录结构如表 3-7 所示。

表 3-7　代码目录结构

一级目录	二级目录	说明
supermarket_img	orange_juice	采集的商品图像保存在该文件中
	supermarket_img_collect.ipynb	商品图像采集代码

二、完善商品图像采集代码

任务要求：根据提供的源代码与资料，补充对应位置代码使之正常运行，按下 S 键将拍摄当前画面，按下 Q 键将退出程序。

步骤 1：将 AI 边缘网关切换至"开发模式"，图 3-8 为切换至开发模式后系统主界面。

图 3-8　切换至开发模式后系统主界面

步骤 2：将实训资源包中的"supermarket_img"文件夹上传至 AI 边缘网关"/home/nle/notebook"目录下，如图 3-9 所示。

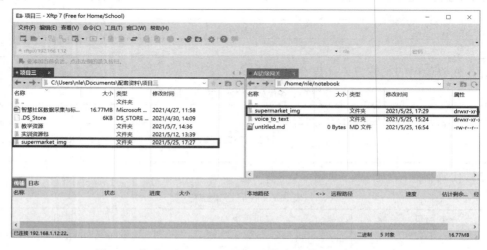

图 3-9　将"supermarket_img"文件夹上传至 AI 边缘网关

步骤 3：在 PC 上使用 Edge 浏览器或者 Chrome 浏览器访问 AI 边缘网关的 IP 地址，访问后将打开 JupyterLab 应用，AI 边缘网关的 IP 地址为"192.168.1.12"，如图 3-10、

图 3-11 所示。需要注意的是，使用 IE 浏览器无法打开 JupyterLab 应用。

图 3-10　查看 AI 边缘网关的 IP 地址

图 3-11　远程连接 AI 边缘网关上的 JupyterLab 应用

步骤 4：在 JupyterLab 界面的左侧双击 "supermarket_img" 文件夹，然后双击打开 "supermarket_img_collect.ipynb" 文件，如图 3-12 所示。

图 3-12　打开 "supermarket_img_collect.ipynb" 文件

步骤 5：选中 "导入相关库" 代码框，选中后可看见代码框左侧有蓝色长条状的指示。此部分的代码用于导入图像采集程序所需的 Python 依赖库。OpenCV-Python 在 Python 中的库为 cv2，该图像库实现了图像处理和计算机视觉方面的很多通用算法，本次图像采集任务中将频繁调用 cv2 库中的方法。补全代码后，单击 "运行" 按钮运行代码框中的代码，如图 3-13 所示。

图 3-13　运行 "导入相关库" 代码

运行完毕后将看到左侧"[]"内出现数字"1"，表示该代码框成功运行，并执行完毕。序号表示此代码框为 Notebook 文件中运行完成的第一段代码，如图 3-14 所示。

图 3-14　运行"导入相关库"代码结果图

导入了需要使用的库后，可以使用命令查看该 cv2 库所对应的 OpenCV 版本号，如图 3-15 所示。

图 3-15　查看 OpenCV 版本命令图

步骤 6：在"定义摄像头视频流展示线程"的代码框中，定义了 CameraThread（摄像头线程）类，用于控制和显示摄像头拍摄到的实时画面。该类中的 run()方法采用线程的方式，将 USB 摄像头获取到的每一帧图片循环显示在窗口中，从而形成视频流。该类包含以下三种方法。

（1）__init__()方法：为该类的初始化方法，实例化摄像头线程时，会自动执行初始化函数。其中的 cap 为该类的实例变量。cap 变量使用 OpenCV-Python 库中的 VideoCapture()函数创建摄像头实例化对象。在初始化时需要传入该类的变量有三个，分别为 camera_id、camera_width 和 camera_height，如图 3-16 所示。

```python
class CameraThread(threading.Thread):
    def __init__(self, camera_id, camera_width, camera_height):
        threading.Thread.__init__(self)
        self.working = True
        self.cap = cv2.VideoCapture(camera_id)  # 打开摄像头
        self.cap.set(cv2.CAP_PROP_FRAME_WIDTH, camera_width)  # 设置摄像头宽度像素
        self.cap.set(cv2.CAP_PROP_FRAME_HEIGHT, camera_height)  # 设置摄像头高度像素
```

图 3-16　定义 CameraThread（摄像头线程）类代码图

camera_id 为连接到 AI 边缘网关的摄像头的设备 ID；camera_width 为摄像头采集图像时所使用像素的宽度；camera_height 为摄像头采集图像时所使用像素的高度。

在实例化摄像头线程时将对以上的变量进行设置。该方法中的关键代码如下。

① 关键代码：cv2.VideoCapture(camera_id)。

代码解析：设置需要使用的 USB 摄像头。

参数说明：id 表示需要使用的摄像头硬件 ID，如 0、1、2。

② 关键代码：cap.set(propId, value)。

代码解析：用于设置摄像头拍摄属性，如拍摄的图像像素。

参数说明：

a．propId 表示 VideoCaptureProperties 中的属性标识符。

- **cv2.CAP_PROP_FRAME_WIDTH** 表示设置摄像头采集画面宽度的像素。
- **cv2.CAP_PROP_FRAME_HEIGHT** 表示设置摄像头采集画面高度的像素。

b．value 表示属性标识符的值。

（2）run()方法：采用线程的方式，将 USB 摄像头获取到的每一帧图片循环显示在显示窗口中，从而形成视频流，定义 run()方法代码图如图 3-17 所示。该方法是在实例化后，自动执行 start 启动函数。该方法定义了一个名为 camera_img 的全局变量，用作存储摄像头获取的图片数据，以便于其他线程调用。此 while 循环用于循环读取图片。ret, image = self.cap.read()中返回值 ret 为布尔类型，表示是否获取到图片，True 表示获取成功。image 为图片数据，若需要显示视频流，则需要循环读取图片。

```
def run(self):
    global camera_img      # 定义一个全局变量，用于存储获取的图片
    cv2.namedWindow('image_win',flags=cv2.WINDOW_NORMAL | cv2.WINDOW_KEEPRATIO | cv2.WINDOW_GUI_EXPANDED)
    cv2.setWindowProperty('image_win', cv2.WND_PROP_FULLSCREEN, cv2.WINDOW_FULLSCREEN) # 全屏展示
    while self.working:
        try:
            ret, image = self.cap.read()    # 获取新的一帧图片
            if not ret:
                time.sleep(2)
                continue
            camera_img = image
            cv2.imshow('image_win',camera_img)   # 图像展示
            key = cv2.waitKey(1)    # 等待1ms
        except Exception as e:
            pass
```

图 3-17　定义 run()方法代码图

此外，该方法还使用 cv2 定义了图像显示窗口 image_win，并对该窗口的属性进行了设置。cv2.imshow()函数用于显示实时拍摄的画面，第一个参数为 image_win，需填写用于显示图像的窗口名称。第二个参数为 camera_img，表示摄像头拍摄到的实时画面。

① 关键代码：cv2.namedWindow(winname, flags)。

代码解析：构建视频的窗口，用于放置图片。

参数说明：

a．winname：窗口名称，传入的参数类型为字符串。

b．flags：用于设置窗口的属性，常用属性如下。

- **cv2.WINDOW_NORMAL**：可以调整大小窗口。
- **cv2.WINDOW_KEEPRATIO**：保持图像比例。
- **cv2.WINDOW_GUI_EXPANDED**：绘制一个新的增强 GUI 窗口。

② 关键代码：cv2.imshow(winname, mat)。

代码解析：通过 OpenCV 自带的图像显示方法显示图像，图像显示在触摸屏上。

参数说明：

a．winname：窗口名称（也就是对话框的名称），它是字符串类型的。

b．mat：每一帧的画面图像。可以创建任意数量的窗口，但必须使用不同的窗口名称。

③ 关键代码：cv2.waitKey(delay)。

代码解析：控制着 imshow 的持续时间，当 imshow 之后不跟 waitKey 时，相当于没有给 imshow 提供时间展示图像，只会有一个空窗口一闪而过。

参数说明：

a. cv2.waitKey(100)表示窗口显示图像时间为 100ms。

b. cv2.imshow()之后一定要跟 cv2.waitKey()函数。

（3）stop()方法：此方法用于停止摄像头的进程，如图 3-18 所示。调用此方法，将终止摄像头的运行，并释放 cap 中储存的变量，最后调用 cv2 中的 destroyAllWindows()函数销毁所有窗口对象。

```python
def stop(self):
    if self.working:
        self.working = False
        self.cap.release()
        cv2.destroyAllWindows()
```

图 3-18　定义 stop()方法代码图

① 关键代码：cap.release()。

代码解析：停止捕获视频，用 cv2.VideoCapture()创建的对象，操作结束后要用 cap.release()来释放资源，否则会占用摄像头，导致摄像头无法被其他程序使用。

② 关键代码：cv2.destroyAllWindows()

代码解析：删除所有创建的窗口。

选中"定义摄像头视频流展示线程"代码框，单击上方的"运行"按钮，运行代码框中的代码。

步骤 7：在"实例化摄像头视频流展示线程"的代码框中，定义了 camera_th 变量，用于实例化 CameraThread（摄像头线程）类。实例化时需要向该类传入三个初始化参数，分别为初始化方法中需要使用的 camera_id、camera_width 和 camera_height。将传入的第一个参数设置为"0"，表示使用 USB 摄像头采集图像。

由于项目四中模型微调训练所要求的图像分辨率为 640 像素×480 像素，调用"CameraThread"函数时，可以通过设置参数的后两项定义采集图像的宽和高的像素值。补充后该行的代码为"camera_th = CameraThread(0, 640, 480)"，如图 3-19 所示。

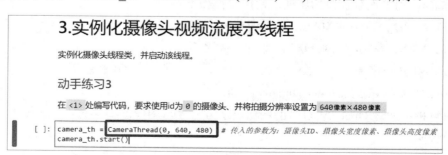

图 3-19　补充"实例化摄像头视频流展示线程"代码

补充代码后即可运行此代码框中的代码。"camera_th.start()"将启动该线程，并调用 CameraThread()类中的 run()方法。这时，USB 摄像头拍摄到的实时画面将显示在配套设备的触摸屏上，如图 3-20 所示。

图 3-20   代码运行成功后的结果

步骤 8："采集图像数据"代码框中的代码用于保存摄像头实时拍摄到的图像至本地路径，图像采集代码如图 3-21 所示。

```python
num = 1   # 图像计数
# 商品名称
obj_name = 'orange_juice'
# 采集到的图片的保存路径
img_save_path = '/home/nle/notebook/supermarket_img/' + obj_name
# 如果路径不存在，则创建文件夹
if not os.path.exists(img_save_path):
    os.mkdir(img_save_path)
while True:
    key = input("输入s并按回车键保存图片，输入q并按回车键退出")
    if key == 's':
        cv2.imwrite('{}/{}_{}.png'.format(img_save_path, obj_name, num), camera_img)   # 保存图像
        print('{}_{}.png 保存成功'.format(obj_name, num))
        num += 1
    elif key == 'q':
        camera_th.stop()   # 停止摄像头线程，释放资源
        print('程序退出')
        break
```

图 3-21   图像采集代码

代码中使用了"num"变量作为保存图像的序号。使用"obj_name"变量定义了商品的名称。这里使用"橙汁"的商品模型为例，在"obj_name"中需要填入的值为"orange_juice"。

需要注意的是，在此填入的商品名称需要和后续项目四中模型微调训练时该商品的标签名称相对应。商品名将影响采集到的图片的保存路径和图片的文件名。

"img_save_path"为采集到的图片的保存路径，如果采集的商品为橙汁，采集后的图片将存储在"/home/nle/notebook/supermarket_img/orange_juice"目录下。

While 循环用于控制采集操作及退出图像采集应用。

当用键盘输入 s 并按回车键时，cv2.imwrite()函数将保存摄像头拍摄到的实时画面为png 格式的图片文件。需要向 cv2.imwrite()中传入的参数有两个，第一个为图片的路径，第二个为当前拍摄到的图像。这里图片的路径为'{}/{}_{}.png'.format(img_save_path, obj_name, num)，format()函数后传入的参数将替代路径中的"{}"符号。所以此路径可以看成"图片保存路径/商品名称_商品序号.png"。以商品橙汁为例，采集到的第一张橙汁图片的路径为/home/nle/notebook/supermarket_img/orange_juice/orange_juice_1.png。采集完成后将在代码框下方输出采集成功的提示，如"orange_juice_1.png 保存成功"。并且使用"num += 1"使计数器自增。

当用键盘输入 q 并按回车键时，程序将调用摄像头线程类 CameraThread()的 stop()方法，停止线程并释放资源。关键代码如下。

（1）关键代码：os.path.exists(path)。

代码解析：判断路径是否存在，如果存在，则返回 True。

参数说明：path 表示要检查的文件夹路径。

（2）关键代码：os.mkdir(path)。

代码解析：创建文件夹。

参数说明：path 表示需要创建的文件夹路径。

（3）关键代码：cv2.imwrite(file_name, img)。

代码解析：保存图像。

参数说明：

① file_name：要保存的文件的完整路径。

② img：要保存的图像。

三、采集商品图像

步骤 1：使用不用的角度摆放商品模型。需要注意的是，摆放时不能使物品超出摄像头取景框边缘，并且需保证环境的光照强度足够，即商品模型能清晰地显示在触摸屏上。用键盘输入 s 并按回车键，采集 1 张图片，如图 3-22 所示。

```
while True:
    key = input("输入s并按回车键保存图片，输入q并按回车键退出")
    if key == 's':
        cv2.imwrite('{}/{}_{}.png'.format(img_save_path, obj_name, num), camera_img)  # 保存图像
        print('{}_{}.png 保存成功'.format(obj_name, num))
        num += 1
    elif key == 'q':
        camera_th.stop()  # 停止摄像头线程, 释放资源
        print('程序退出')
        break

输入s并按回车键保存图片，输入q并按回车键退出 s
orange_juice_1.png 保存成功
```

图 3-22　运行采集图像代码的结果

步骤 2：重复步骤 1，直至采集 10 张图片，如图 3-23 所示。

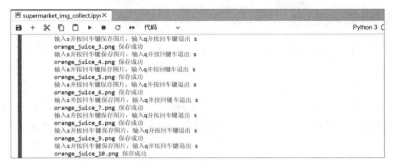

图 3-23 采集 10 张图片

步骤 3：采集结束后，输入 q 并按回车键退出程序，如图 3-24 所示。

图 3-24 采集结束

步骤 4：采集的图像数据在当前路径下的"orange_juice"文件夹中，采集的图像以"orange_juice_序号"命名，如"orange_juice_1.png"，如图 3-25 所示。双击打开图像文件可以查看已采集的图像，如图 3-26 所示。

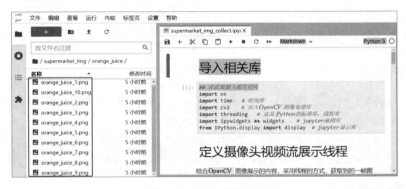

图 3-25 图像采集结果

图 3-26 查看采集到的商品图像

【任务检查与评价】

完成任务实施后，进行任务检查与评价，任务检查与评价表存放在本书配套资源中。

【任务小结】

通过本任务，读者学习到了图像数据采集的相关知识，如图 3-27 所示。通过实际操作，读者学习到了如何完善图像采集代码，并能在 JupyterLab 平台上使用 Python 代码对商品图像进行采集。

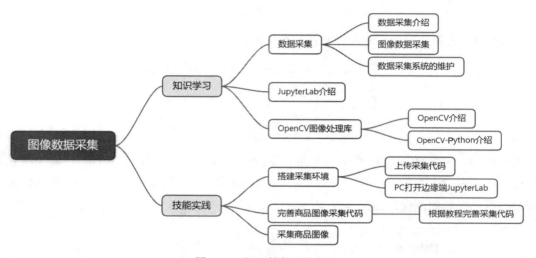

图 3-27　知识技能思维导图

【任务拓展】

对多种不同种类的超市商品，如薯片、篮球、足球、甜甜圈等，分别采集 10 张图片。

任务二　图像数据预处理

【职业能力目标】

- 能够搭建图像数据预处理所需的环境；
- 能够完善图像预处理代码；
- 能够完成图像数据增强任务。

【任务描述与要求】

任务描述：

要求完成图像数据增强任务，完成后可以在 AI 边缘网关上看到数据增强后的图像。读者需要将预处理后的图像数据下载到本地，并在本项目任务三中对这些图像的数据进行标注。

任务要求：

- 将图像预处理代码上传至 AI 边缘网关；
- 使用浏览器打开 AI 边缘网关上的 JupyterLab 应用；
- 根据 JupyterLab 中的教程和提示完善图像预处理代码；
- 运行图像预处理代码，完成超市商品图像的采集；
- 将预处理后的图像数据下载到本地。

【任务分析与计划】

根据所学相关知识，请制订本任务的实施计划，如表 3-8 所示。

表 3-8　任务计划表

项目名称	智慧社区数据采集与标注
任务名称	图像数据预处理
计划方式	自行设计
计划要求	请用 8 个计划步骤来完整描述如何完成本任务
序号	任务计划
1	
2	
3	
4	
5	
6	
7	
8	

【知识储备】

本任务的知识储备主要介绍数据预处理、图像数据预处理和图像数据增强。

一、数据预处理

数据预处理指将原始数据转换为可以被理解的格式或者满足项目需求的格式。

一般从数据源中抽取的数据可能不符合进入数据仓库的要求，因为在真实世界中，数据通常是不完整的、不一致的、极其容易受到噪声干扰的，所以在采集之后需要对源数据进行转换、清洗、拆分、汇总等处理，解决数据不完整、数据格式错误、数据不一致等问题。

数据预处理的常用流程为去除唯一属性、处理缺失值、属性编码、数据标准化正则化、特征选择、主成分分析。

二、图像数据预处理

图像质量的好坏直接影响识别算法的设计与效果的精度，因此在图像分析（特征提取、分割、匹配和识别等）前，需要进行图像数据预处理。图像数据预处理可以消除图像中无关的信息，增强特征的可检测性并简化数据，从而提高图像匹配和识别的精确度。图像数据预处理通常使用图像压缩、分割、去噪、数据增强等方法，使图像满足项目需求。

三、图像数据增强

图像数据增强的方法：通过一定手段对原图像附加一些信息或变换数据，有选择地突出图像中感兴趣的特征或者抑制（掩盖）图像中某些不需要的特征，使图像与视觉响应特性相匹配。图像数据增强可以增加模型的泛化能力，在计算机视觉中，通常会对图像做一些随机的变化，产生相似但又不完全相同的样本，扩大训练数据集，抑制过拟合，提升模型的泛化能力，使训练后的模型适用于更多的应用场景。图像数据增强如图 3-28 所示。常见的图像数据增强方法如下。

（1）旋转（Rotation）：将图像随机旋转一定角度以改变图像中的内容物朝向。

（2）翻转（Flipping）：沿着水平或者垂直方向翻转图像，水平翻转通常比垂直翻转更通用，但是对于字符识别任务，通常不适用。

（3）裁剪（Cropping）：随机将图像中的一部分进行裁剪。

（4）添加噪声（Noise Injection）：是指在图像中随机加入少量的噪声，该方法可以防止过拟合。

（5）色彩抖动（Color Jittering）：随机调整图像的亮度、对比度和饱和度。

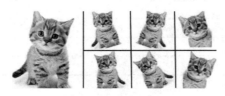

图 3-28　图像数据增强

【任务实施】

一、图像数据预处理环境搭建

（1）图像数据预处理环境如表 3-9 所示。

表 3-9　图像数据预处理环境

环境列表	版本
Python	3.7.3
Debian	10

（2）代码使用的第三方库如表 3-10 所示。

表 3-10　代码使用的第三方库

库名	版本
OpenCV-Python	3.4.5
JupyterLab	3.0.15

（3）代码目录结构如表 3-11 所示。

表 3-11　代码目录结构

一级目录	二级目录	说明
supermarket_img	orange_juice	预处理前后的商品图像保存在该文件中
	supermarket_img_process.ipynb	商品图像预处理代码

二、商品图像预处理

1. 完善图像数据增强代码

任务要求：完善"../supermarket_img/supermarket_img_process.ipynb"文件中的图像预处理代码，对采集到的商品图像进行数据增强处理。代码中的操作流程如下。

（1）定义图像旋转函数。

（2）定义图像翻转函数。

（3）生成图像文件列表。

（4）随机选择图像旋转或翻转的数据增强方法以扩容图像数据集。

（5）预处理后的图片保存路径与源图片所在路径相同。以橙汁为例，预处理后的橙汁图片保存路径为"/supermarket_img/orange_juice/"。

步骤 1：导入相关依赖库。

图 3-29 所示的代码用于导入图像预处理使用的相关依赖库。

```
[1]: import os
     import random
     import cv2
```

图 3-29　导入相关依赖库

步骤 2：定义图像旋转函数。

图 3-30 为图像旋转函数，用于对传入的图像进行旋转，并返回旋转后的图像。此函数首先通过 image.shape 来获取图像的高和宽，并使用 center = (w / 2, h / 2)来获取图像的中心点坐标。然后将随机选取列表[90, 180, 270]中的一个旋转角度存入变量 angle 中。最后旋转图像，分为两个步骤：第一步为生成旋转矩阵；第二步为使用旋转矩阵执行仿射变换。图像旋转后将输出完成旋转成功提示，该函数的返回值为旋转后的图像。

```
[2]: # 定义图像旋转函数
     def rotate(img, center = None, scale = 1.0):
         # 获取图像高和宽
         (h, w) = img.shape[:2]
         # 若未指定旋转中心，则将图像中心设为旋转中心
         if center is None:
             center = (w / 2, h / 2)
         # 从列表中随机选择一个角度作为图像的旋转角度
         angle = random.choice([90, 180, 270])
         # 生成旋转矩阵
         M = cv2.getRotationMatrix2D(center, angle, scale)
         # 使用旋转矩阵旋转图像（仿射变换）
         rotated_img = cv2.warpAffine(img, M, (w, h))  # 执行旋转
         # 输出旋转成功提示
         print('被逆时针旋转{}°后的图像为'.format(angle), end = ' ')
         # 返回旋转后的图像
         return rotated_img
```

图 3-30　图像旋转函数

该函数中使用的关键代码主要有：

（1）关键代码：random.choice(list)。

代码解析：返回列表中字符或元组的随机值。

参数说明：list 是传入的列表。

（2）关键代码：M = cv2.getRotationMatrix2D(center, angle, scale)。

代码解析：通过定义旋转中心、角度及缩放比例，生成旋转矩阵。

参数说明：

①center 是旋转中心。

②angle 是旋转角度（逆时针为正）。

③scale 是缩放比例。

（3）关键代码：cv2.warpAffine (src, M, (width, height))。

代码解析：将传入的图像执行仿射变换（使用旋转矩阵旋转图像）。

参数说明：

①src 是输入图像。

②M 是变换矩阵。

③(width, height)输出图像的宽和高。

步骤 3：定义图像翻转函数。

图 3-31 为图像翻转函数，用于对传入的图像进行翻转，并返回翻转后的图像。首先从翻转方式列表中随机选取一个翻转标识符，并通过 OpenCV 图像处理库提供的图像翻转函数对图像进行翻转。翻转后将输出图像的翻转方式，该函数的返回值为翻转后的图像。

```python
[3]:  # 定义图像翻转函数
      def flip(img):
          # 从列表中随机选择一种翻转方式作为图像的翻转方式
          flip_code = random.choice([1, 0, -1])
          # 翻转图像
          flipped_img = cv2.flip(img, flip_code)
          # 输出翻转方式的提示
          if(flip_code == 1):
              print('被水平翻转后的图像为', end =' ')
          elif(flip_code == 0):
              print('被垂直翻转后的图像为', end = ' ')
          elif(flip_code == -1):
              print('被水平垂直翻转后的图像为', end = ' ')
          # 返回翻转后的图像
          return flipped_img
```

图 3-31   图像翻转函数

该函数中使用的关键代码主要有：

（1）关键代码：cv2.flip(src, flipCode)。

代码解析：将二维数组围绕水平、垂直或两个轴进行翻转。

参数说明：

①src 是输入图像。

②flipCode 是翻转标识符，指定图像的翻转方式：1 表示水平翻转；0 表示垂直翻转；-1 表示水平垂直翻转。

步骤 4：遍历商品图片文件。

图 3-32 所示的代码框中的代码用于遍历商品图片所在的文件夹，并将该文件夹中所有图片文件的文件名存入列表中，并使该列表随机化。此操作是为了保证用于数据增强的图片是随机抽取的。

首先，obj_name 为需要预处理的商品名称，img_resource_path 为预处理前后图片存放的文件夹路径。以填入的商品名为橙汁举例，"../orange_juice/"路径为预处理前后橙汁图片所在的路径。如果需要对其他商品图片进行数据预处理操作，如对采集到的"薯片"图片进行预处理，则可将 obj_name 设置为 potato_chip。

os.listdir()函数用于读取目标目录下的所有图片文件的文件名,存放于 file_list 列表中。img_list 中存放着该路径中以 png 为后缀的图片文件名。random.shuffle()函数用于将列表中的文件名的序列随机化，以保证用于数据增强的图片是随机抽取的。运行代码后，将乱序输出给定商品名称所在路径下所有以 png 为后缀的商品图片文件名。

```
[4]: # 商品名称
     obj_name = 'orange_juice'
     # 对此路径的图片进行预处理
     img_resource_path = './' + obj_name
     # 列表内存放着此目录下的所有文件名
     file_list = os.listdir(img_resource_path)
     # 将文件夹中以 png 为后缀的图片文件名存入img_list
     img_list = [ file for file in file_list if (file.split('.')[-1] == 'png')]
     # 打乱列表中文件名的顺序
     random.shuffle(img_list)
     # 输出乱序后的图片名列表
     print(img_list)
```

图 3-32　遍历商品图片文件代码

图 3-32 中使用的关键代码主要有：

（1）关键代码：os.listdir(path)。

代码解析：该代码用于返回指定的文件夹包含的文件名或文件夹名的列表。

参数说明：path 为需要列出的目录路径。

（2）关键代码：random.shuffle(list)。

代码解析：该代码用于将序列中的所有元素随机排序，乱序后新列表存储在传入的列表变量中。

参数说明：list 为需要随机排序的列表。

步骤 5：进行图像数据预处理。

图 3-33 所示的代码框中的代码随机选用图像旋转或翻转的方式对图像进行数据增强处理，并保存数据增强后的图像。

这里使用 len(img_list)获取列表中图片文件名的数量，并存放于 img_num 变量中。count 变量为处理后保存图片的序号，处理后首张图片的数量为源图片总数量加 1。比如采集的橙汁图片有 10 张，则预处理后第 1 张橙汁图片的名称为 orange_juice_11。vp 为预处理的图片占所有图片的比例，设置 vp 的值为 0.4,则对源文件夹中 40%的图片进行数据增强处理。如果需对 20%的图片进行数据增强处理，可将 vp 的值设为 0.2。

for 循环用于遍历需要预处理的图片文件名，img_list[:int(img_num * vp)]表示对随机列表中第 1 张到第(img_num * vp)张图片进行循环预处理。先使用 img_resource_path 和图片文件名拼接这些图片的地址路径，存入 img_path 变量中。再使用 random.randint()函数随机选择图像增强的方法为旋转原图或翻转原图。最后使用 cv2.imwrite()函数保存图像并输出保存成功的提示。以商品橙汁为例，保存的路径为"./orange_juice/orange_juice_编号.png"。

```
# 图片数量
img_num = len(img_list)
# 图片序号
count = img_num + 1
# 数据增强的图片比例，对40%的图片做数据增强
vp = 0.4
# 对图像列表中的图像进行预处理
for name in img_list[:int(img_num * vp)]:
    img_path = img_resource_path + '/{}'.format(name)
    img = cv2.imread(img_path)     # 读取将被处理的图片
    print(name, end = ' ')
    # 随机选择处理方法
    if (random.randint(0, 1) == 0):
        # 旋转图像
        processed_img = rotate(img)
    else:
        # 翻转图像
        processed_img = flip(img)
    cv2.imwrite('./{}/{}_{}.png'.format(obj_name, obj_name, count), processed_img)
    print('{}_{}.png 图像保存成功'.format(obj_name, count))
    count += 1
```

图 3-33　图像预处理代码

图 3-33 中使用的关键代码主要有：

（1）关键代码：len(item)。

代码解析：该代码用于返回对象（字符、列表、元组等）长度或项目个数。

参数说明：item 为需要返回长度的对象。

（2）关键代码：cv2.imread(img_path)。

代码解析：通过图片路径读取图片文件。

参数说明：img_path 为图片在本机上的路径。

（3）关键代码：random.randint(a, b)。

代码解析：函数随机返回数字 N，N 为 a 到 b 之间的数字（$a \leq N \leq b$），包含 a 和 b。

参数说明：

①a 为起始数字。

②b 为结束数字。

（4）关键代码：cv2.imwrite(file_name, img)。

代码解析：保存图像。

参数说明：

①file_name 为要保存的文件的完整路径。

②img 为要保存的图像。

2．运行图像数据增强代码

步骤 1：依次运行"./supermarket_img/supermarket_img_process.ipynb"图像预处理文件中的五个代码块。在遍历商品图片文件名的代码运行后，将输出商品名称目录下的图片文件名列表，如图 3-34 所示。

```
# 商品名称
obj_name = 'orange_juice'
# 对此路径的图片进行预处理
img_resource_path = './' + obj_name
# 列表内存放着此目录下的所有文件名
file_list = os.listdir(img_resource_path)
# 将文件夹中以"png"为后缀的图片文件名存入img_list
img_list = [ file for file in file_list if (file.split('.')[-1] == 'png')]
# 打乱列表中文件名的顺序
random.shuffle(img_list)
# 输出乱序后的图片文件名列表
print(img_list)

['orange_juice_8.png', 'orange_juice_10.png', 'orange_juice_5.png', 'orange_juice_4.png',
'orange_juice_7.png', 'orange_juice_6.png', 'orange_juice_1.png', 'orange_juice_2.png',
'orange_juice_3.png', 'orange_juice_9.png']
```

图 3-34   执行遍历图片文件代码

如果图像预处理成功，则在最后一个代码块运行后将输出图像保存成功的提示，如
图 3-35 所示。

```
cv2.imwrite('./{}/{}_{}.png'.format(obj_name, obj_name, count), processed_img)
print('{}_{}.png 图像保存成功'.format(obj_name, count))
count += 1

orange_juice_8.png 被逆时针旋转180°后的图像为 orange_juice_11.png 图像保存成功
orange_juice_10.png 被逆时针旋转90°后的图像为 orange_juice_12.png 图像保存成功
orange_juice_5.png 被垂直翻转后的图像为 orange_juice_13.png 图像保存成功
orange_juice_4.png 被水平翻转后的图像为 orange_juice_14.png 图像保存成功
```

图 3-35   执行图像预处理代码

步骤 2：在 JupyterLab 中打开 "./supermarket_img/orange_juice/" 文件夹，查看是否生
成预处理后的图像，如果生成，则说明图像预处理操作成功，如图 3-36 所示。

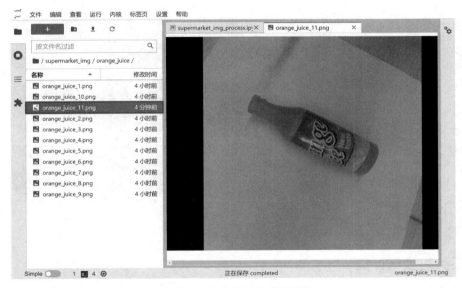

图 3-36   查看预处理后的图像

步骤 3：使用 Xftp 将 "./supermarket_img/orange_juice" 文件夹下载到本地
"..\supermarket_img\" 文件夹下，在弹出的对话框中勾选"全部应用"复选框，单击"确定"
按钮，覆盖原有空文件夹，如图 3-37 所示。

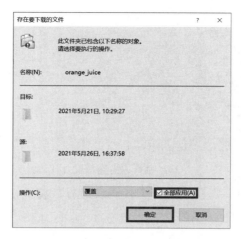

图 3-37　覆盖原有空文件夹

步骤 4：查看 ".\supermarket_img\orange_juice\" 文件夹下是否存在 11 张商品图片。如果存在 ".ipynb_checkpoints" 文件夹，则将 ".ipynb_checkpoints" 文件夹删除，如图 3-38 所示。

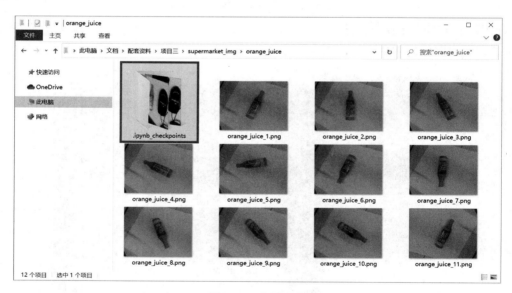

图 3-38　查看文件

【任务检查与评价】

完成任务实施后，进行任务检查与评价，任务检查与评价表存放在本书配套资源中。

【任务小结】

通过本任务，读者学习到了 OpenCV 图像处理库和数据预处理的相关知识；通过实操部分，读者学习到了在 JupyterLab 平台上完善图像预处理代码，并使用 Python 代码对商品图像进行预处理，如图 3-39 所示。

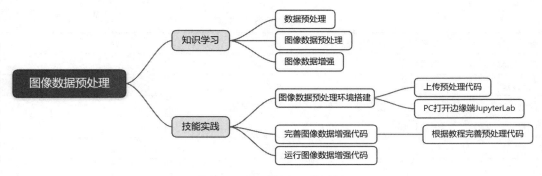

图 3-39　知识技能思维导图

【任务拓展】

熟悉商品图像预处理流程，对本项目任务一任务拓展部分采集到的图像数据进行数据增强处理。

任务三　图像标注

【职业能力目标】

- 能够搭建图像标注环境；
- 能够使用图像标注工具对图像数据进行标注；
- 能够导出标注信息文件；
- 能够完成图像标注质量检验。

【任务描述与要求】

任务描述：

本任务的主要内容是图像的数据标注，完成图像标注后可以查看标注信息文件。任务所使用的标注软件为精灵标注助手，标注信息文件的格式为 Pascal-Voc 格式。

任务要求：

- 在计算机上安装精灵标注助手；
- 使用精灵标注助手对图像数据进行标注；
- 以 Pascal-Voc 格式保存图像的标注信息文件；
- 使用精灵标注助手导入已标注图像；
- 对已标注的图像进行标注质量检验。

【任务分析与计划】

根据所学相关知识，请制订本任务的实施计划，如表 3-12 所示。

表 3-12　任务计划表

项目名称	智慧社区数据采集与标注
任务名称	图像标注
计划方式	自行设计
计划要求	请用 8 个计划步骤来完整描述如何完成本任务
序号	任务计划
1	
2	
3	
4	
5	
6	
7	
8	

【知识储备】

一、数据标注

在 AI 飞速发展的时代，机器已经初步具备人的视觉、听觉、语义识别的能力，但这些成果的实现，离不开大量优质的基础数据。机器学习分为有监督学习和无监督学习。无监督学习的效果是不可控的，常常被用来做探索性的实验。而在实际产品应用中，通常使用的是有监督学习。有监督学习需要标注的数据作为先前经验。

要理解数据标注，得先理解 AI 其实是部分替代人的认知功能。先要回想一下人类是如何学习的。例如，人们学习认识苹果，那么就需要有人拿着一个苹果到你面前告诉你，这是一个苹果。以后你遇到了苹果，你才知道它叫作"苹果"。类比机器学习，要让机器能正确地辨识出"苹果"，要先让机器学习大量的"苹果"图片中的特征，并使机器明白图片的标签为"苹果"，之后再给机器任意一张苹果的图片，它就能认出来了。

综上所述，数据标注就是数据标注人员借助标注工具，对 AI 学习数据进行加工处理，转换为机器可识别信息的过程。通常数据标注的类型包括图像标注、语音标注、文本标注、视频标注等。标注的基本形式有标注画框、3D 画框、文本转录、图像打点、目标物体轮廓线等，图 3-40、图 3-41 所示为车辆数据标注图。

数据标注得越精准，算法模型训练的效果就越好。大部分算法在拥有足够多普通标注数据的情况下，能够将准确率提升到 95%，但从 95% 再提升到 99% 甚至 99.9%，就需要大量高质量的标注数据。可以说，高质量的数据是制约模型和算法突破瓶颈的关键指标。

图 3-40　对停车场中的车辆进行数据标注

图 3-41　对行驶中的车辆进行数据标注

二、图像标注

1. 什么是图像标注

作为 AI 研究和开发的一个重要领域，计算机视觉旨在使计算机能够"看到"并解释所处的环境和状态。从自动驾驶汽车，到无人机勘察，再到医疗诊断，以及面部识别与辨认等场景，计算机视觉在实际应用领域发挥着巨大的作用。为了成功地模仿或超越人类的视觉功能，计算机视觉在对目标设备进行开发和处理的过程中，需要通过大量模型的训练，实现对图像的标注。近年来，人们对图像标注问题的研究越来越深入。作为数据标注重要的类型之一，图像标注可能是最广泛、最普遍的一种数据标注类型。

图像标注是一个将标签添加到图像上的过程。其目标范围既可以是在整个图像上仅使用一个标签，也可以是在某个图像内的各组像素中使用多个标签。一个简单的例子是：我们在向幼儿提供各种动物的电子图像时，可以通过将正确的动物名称标记到每个图像上，以方便幼儿在点触图像时能够获悉其名称。当然，具体标注的方法取决于实际项目所使用的图像标注类型。

图像标注通常要求标注人员使用不同的颜色对不同的目标标注物进行轮廓识别，然后用标签来概述轮廓内的内容，使算法模型能够识别图像中的不同标注物。目前图像标注主流的应用领域有物体识别、车牌识别、人脸识别、医疗影像标注、机械影像等。图像标框标注如图 3-42 所示。图像数据常用的标注方法有：使用矩形框、描点和语义分割的方式对图像中的物体进行标注。

图 3-42　图像标框标注

图像标注和视频标注按照数据标注的工作内容来分类的话其实可以统一称为图像标注，因为视频也是由图像连续播放组成的。现实应用场景中，常常应用到图像标注的有人脸识别及自动驾驶车辆识别等。就以自动驾驶为例，汽车在自动行驶时如何识别车辆、行人、障碍物、绿化带，甚至是天空呢？图像标注不同于语音标注，因为图像包括形态、目标点、结构划分，仅凭文字进行标注是无法满足数据需求的，所以图像的数据标注需要相对复杂的过程，数据标注人员需要对不同的目标标注物用不同的颜色进行轮廓标记，然后对相应的轮廓打标签，用标签来概述轮廓内的内容，以便让模型能够识别图像的不同标注物。图像标注的示例如图 3-43 所示。

图 3-43　图像标注的示例

图像标注后的信息通常存放于标注信息文件中，该文件记录了图像中标注物的标注框坐标和该物体的标签等信息。

2．图像标注工具

本任务使用的图像标注工具为精灵标注助手。精灵标注助手是一款 AI 数据集多功能标注工具。精灵标注助手相比其他工具而言，上手非常简单方便，目前支持 Windows、Mac、Linux 平台。相比于 LabelImg、RectLabel 等标注工具，只支持某个领域的标注，精灵标注助手支持图像、文本和视频等多种标注形式，可通过插件形式进行自定义标注、支持导出 Pascal-Voc 格式的标注信息文件且兼容不同平台的操作系统。精灵标注助手如图 3-44 所示。

图 3-44　精灵标注助手

3．图像标注质量检验

图像标注需要遵循一定的质量标准。机器学习中图像识别的训练是根据像素点进行的，因此，图像标注的质量好坏取决于像素点判定的准确性。如果标注像素点越接近标注物的边缘像素点，则标注质量越好，标注难度越大；反之，则标注质量越差，标注难度越小。按照100%准确率的图像标注要求，标注像素点与标注物的边缘像素点的误差应该在1个像素点以内。

三、Pascal-Voc 数据集与标注信息文件

1．Pascal-Voc 数据集

在任务实施中使用的标注信息文件的格式为 Pascal-Voc 格式。Pascal-Voc 项目为图像识别和分类提供了一整套标准化的优秀的数据集，从 2005 年开始每年都会举行一场图像识别大赛。很多优秀的计算机视觉模型（如分类、定位、检测、分割、动作识别等模型）都是基于 Pascal-Voc 挑战赛及其数据集推出的。Pascal-Voc 数据集如图 3-45 所示。

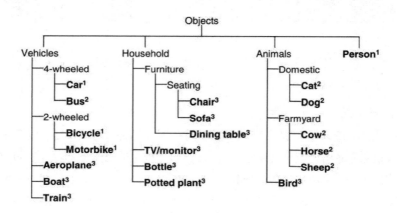

图 3-45　Pascal-Voc 数据集

Pascal-Voc 数据集为深度学习目标检测任务提供了图像数据集。Pascal-Voc 数据集中的 Annotations 文件夹主要存放 XML 格式的标签文件，每个 XML 文件对应 JPEGImage 文件夹中的一张图片。

2．Pascal-Voc 格式的标注信息文件

Pascal-Voc 格式的标注信息文件采用 XML 标签并记录了标注图像所在路径、图片像素大小、物品标签信息等，如图 3-46 所示。XML 标签解释如表 3-13 所示。

```
 1  <?xml version="1.0" ?>
 2  <annotation>
 3  <folder>orange_juice</folder>
 4  <filename>orange_juice_1.png</filename>
 5  <path>C:\orange_juice_1.png</path>
 6  <source>
 7      <database>Unknown</database>
 8  </source>
 9  <size>
10      <width>640</width>
11      <height>480</height>
12      <depth>3</depth>
13  </size>
14
15  <segmented>0</segmented>
16      <object>
17      <name>orange_juice</name>
18      <pose>Unspecified</pose>
19      <truncated>0</truncated>
20      <difficult>0</difficult>
21      <bndbox>
22          <xmin>238</xmin>
23          <ymin>168</ymin>
24          <xmax>399</xmax>
25          <ymax>317</ymax>
26      </bndbox>
27  </object>
28  </annotation>
29
```

图 3-46　Pascal-Voc 格式的标注信息文件

表 3-13　XML 标签解释

标签名	XML 标签解释
annotation	该文件为标注信息文件
folder	图片所在文件夹
filename	图片文件名
path	图片所在路径
size	图片大小
width	图片宽度像素
height	图片高度像素
depth	图片像素深度
object	图片的被标注物，一张图片中可以有多个标注物，使用一个或多个标注框标出
name	该物品的标签
bndbox	标注框信息，使用左上角和右下角坐标确定该标注框位置
xmin	标注框左上角的横轴坐标
ymin	标注框左上角的纵轴坐标
xmax	标注框右下角的横轴坐标
ymax	标注框右下角的纵轴坐标

【任务实施】

一、搭建标注环境

1. 精灵标注助手环境

精灵标注助手环境如表 3-14 所示。

表 3-14　精灵标注助手环境

环境列表	说明
Windows 10	64 位操作系统
精灵标注助手	版本 2.0.4

2. 标注工具的安装

步骤 1：双击配套精灵标注助手安装包（路径为 "..\项目三\jinglingbiaozhu-setup-2.0.4.exe"），如图 3-47 所示。

图 3-47　安装包

步骤 2：单击"我接受"按钮，如图 3-48 所示。

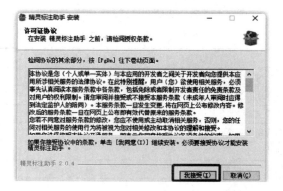

图 3-48　接受条款

步骤 3：选择安装路径，单击"安装"按钮，如图 3-49 所示。

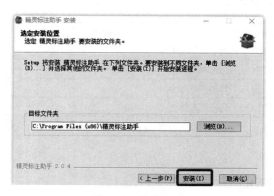

图 3-49　安装软件

步骤 4：等待系统安装完成，成功后会在计算机桌面上生成精灵标注助手图标，如图 3-50 所示。

图 3-50 精灵标注助手图标

3．标注工具快捷键介绍

表 3-15 为精灵标注助手常用快捷键的说明。

表 3-15 精灵标注助手常用快捷键的说明

快捷键	说明
Space	移动
Delete	删除框
C	曲线框
P	多边形框
←	上一张图片
→	下一张图片

二、图像标注

步骤 1：双击精灵标注助手图标，运行精灵标注助手，运行后界面如图 3-51 所示。

图 3-51 运行后界面

步骤 2：单击"新建"按钮，进入项目创建界面，单击"位置标注"按钮，如图 3-52 所示。

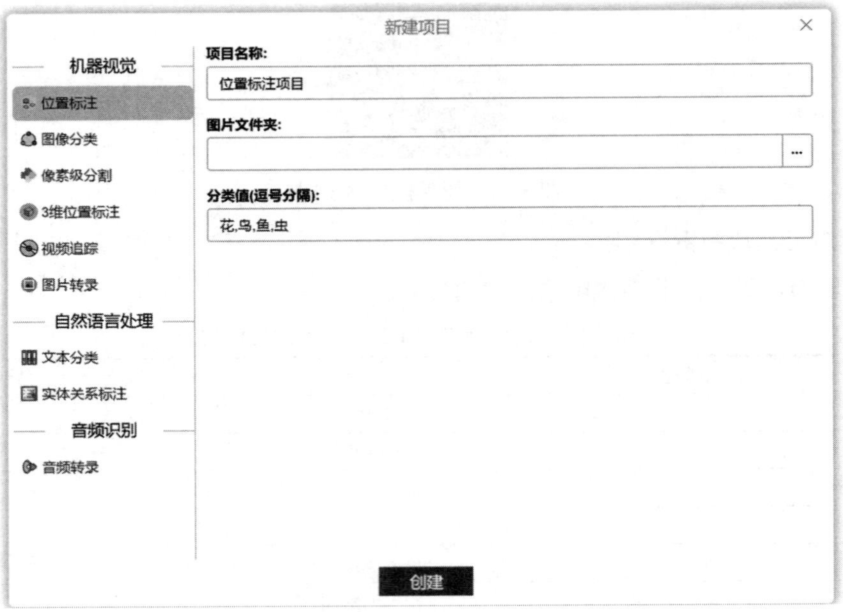

图 3-52　位置标注

步骤 3：选择"图片文件夹"，配套标注信息文件路径为"..\项目三\supermarket_img\orange_juice"，在"分类值"文本框填入"orange_juice"，如图 3-53 所示。

图 3-53　创建项目

步骤 4：单击"创建"按钮，创建标注项目，标注界面如图 3-54 所示。

图 3-54 标注界面 1

步骤 5：单击界面左边菜单栏的"矩形框"按钮或者按下 R 键，按下鼠标左键并拖动鼠标对图片中的橙汁商品模型进行拉框标注，如图 3-55 所示。

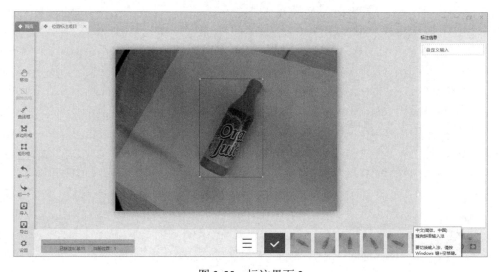

图 3-55 标注界面 2

步骤 6：在界面右上角的自定义输入框中输入"orange_juice"，如图 3-56 所示。

步骤 7：在界面下方单击"保存"按钮保存标注好的图像，如图 3-57 所示。

步骤 8：单击界面左边菜单栏的"后一个"按钮或者按下键盘的向右方向键切换到下一张图片，重复步骤对剩余图像进行标注。界面左下角会显示已标注的图像数量，如图 3-58 所示。

图 3-56　填入标签

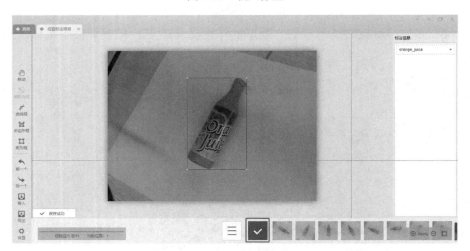

图 3-57　保存图像

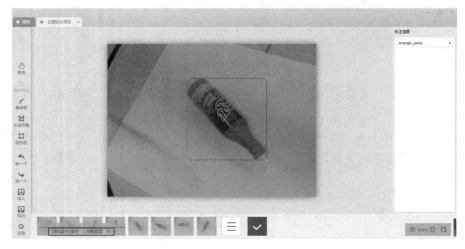

图 3-58　标框标注

步骤 9：单击界面左边菜单栏的"导出"按钮，并选择"pascal-voc"格式，保存路径选择"..\项目三\supermarket"，最后单击"确定导出"按钮，如图 3-59 所示。

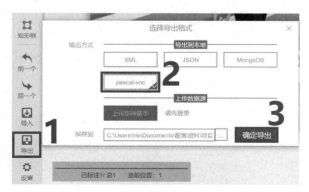

图 3-59　导出标注信息文件

步骤 10：单击"确认导出"按钮后会在"..\项目三\supermarket\outputs\"目录下生成标注信息文件，如图 3-60 所示。

图 3-60　标注信息文件

步骤 11：将"..\项目三\supermarket_img\orange_juice"文件夹下的 11 张 orange_juice图片复制到"..\项目三\supermarket\img"文件夹下，如图 3-61 所示。

> 新大陆教育 > 中级教材资源 > 项目三 > supermarket > img

basketball_1.png	donut_1.png	football_1.png	orange_juice_1.png	potato_chip_1.png
basketball_2.png	donut_2.png	football_2.png	orange_juice_2.png	potato_chip_2.png
basketball_3.png	donut_3.png	football_3.png	orange_juice_3.png	potato_chip_3.png
basketball_4.png	donut_4.png	football_4.png	orange_juice_4.png	potato_chip_4.png
basketball_5.png	donut_5.png	football_5.png	orange_juice_5.png	potato_chip_5.png
basketball_6.png	donut_6.png	football_6.png	orange_juice_6.png	potato_chip_6.png
basketball_7.png	donut_7.png	football_7.png	orange_juice_7.png	potato_chip_7.png
basketball_8.png	donut_8.png	football_8.png	orange_juice_8.png	potato_chip_8.png
basketball_9.png	donut_9.png	football_9.png	orange_juice_9.png	potato_chip_9.png
basketball_10.png	donut_10.png	football_10.png	orange_juice_10.png	potato_chip_10.png
basketball_11.png	donut_11.png	football_11.png	orange_juice_11.png	potato_chip_11.png

图 3-61　"..\项目三\supermarket\img"文件夹下的图片文件

三、图像标注质量检验

步骤 1：双击精灵标注助手图标，运行精灵标注助手，运行后界面如图 3-51 所示。

步骤 2：单击"新建"按钮，进入项目创建界面，单击"位置标注"按钮，如图 3-52 所示。

步骤 3：选择"图片文件夹"，配套标注信息文件路径为"..\项目三\图像标注质量检验"，在"分类值"文本框中填入"car,person"（注意中间的逗号为英文逗号），完成后单击"创建"按钮，创建标注项目，如图 3-62 所示。

图 3-62　创建项目

步骤 4：在项目创建完成后能看到如图 3-63 所示的界面。

图 3-63　标注界面

步骤 5：单击界面左边菜单栏的"导入"按钮，导入该图像的标注信息文件，如图 3-64 所示。将导入的路径设置为"..\项目三\图像质量检验\xml"，完成后单击"导入"按钮，如图 3-65 所示。

导入成功后将弹出如图 3-66 所示的提示，单击"确认"按钮。

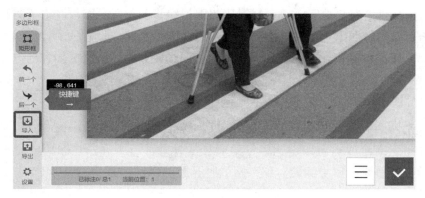

图 3-64　单击"导入"按钮

图 3-65　导入标注信息文件

图 3-66　导入完成

步骤 6：根据图像标注质量检验标准，对图像中的标注框进行修改，标注未被标注出来的车辆并对图像中人物和汽车的标签进行修改。标注完成后对结果进行保存，如图 3-67 所示。

图 3-67　修改标注框和标签

步骤 7：单击界面左边菜单栏的"导出"按钮，将保存后的标注结果导出，如图 3-68 所示。选择导出格式为 XML，路径为"..\项目三\图像标注质量检验"，单击"确定导出"按钮，如图 3-69 所示。

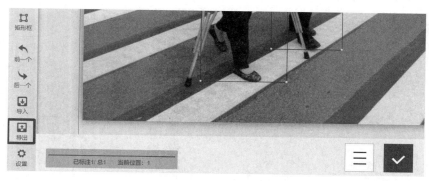

图 3-68　导出标注结果

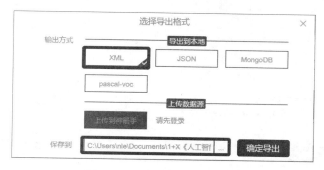

图 3-69　选择导出格式并保存

步骤 8：在"..\项目三\图像标注质量检验\outputs"目录下可以看到标注信息文件，如图 3-70 所示。

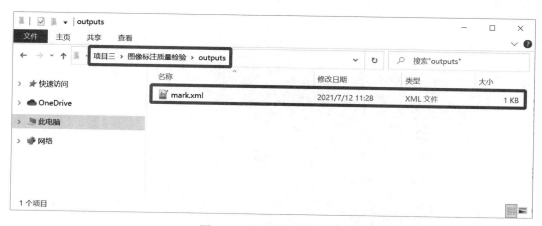

图 3-70　查看标注信息文件

【任务检查与评价】

完成任务实施后，进行任务检查与评价，任务检查与评价表存放在本书配套资源中。

【任务小结】

通过本任务，读者学习到了如何使用图像标注工具对图像进行标注，并能理解标注信息文件中标签的含义。读者还学会了对已标注的图像进行标注质量检验，并对不合格的标注进行修改，如图 3-71 所示。

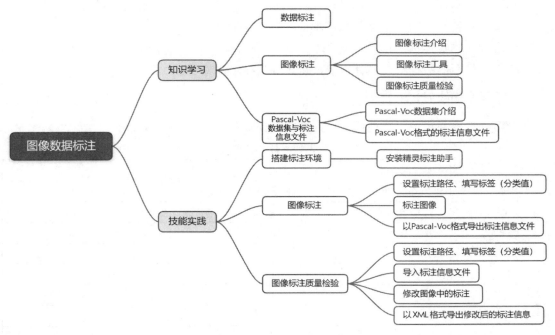

图 3-71 知识技能思维导图

【任务拓展】

熟悉商品图像数据标注的流程，将本项目任务一采集到的商品图像进行标注练习。标注过程中切记要遵循图像标注质量要求进行标注。

任务四 语音识别与文本标注

【职业能力目标】

- 能够完成语音识别环境的搭建；
- 能够完成语音识别任务；
- 能够完成文本标注环境的搭建；
- 能够完成文本实体标注。

【任务描述与要求】

任务描述：

本任务的主要内容是完成语音识别转写后的内容的标注。标注完成后可以查看标注好的文本标注信息文件。

任务要求：

- 将语音识别标签配置文件上传至 AI 边缘网关；
- 根据要求完成语音识别任务；
- 将语音转写后的文本下载至本地；
- 进行文本实体标注；
- 将标注后的数据标注文件以 brat-ann 格式导出并查看。

【任务分析与计划】

根据所学相关知识，请制订本任务的实施计划，如表 3-16 所示。

表 3-16　任务计划表

项目名称	智慧社区数据采集与标注
任务名称	语音识别与文本标注
计划方式	自行设计
计划要求	请用 8 个计划步骤来完整描述如何完成本任务
序号	任务计划
1	
2	
3	
4	
5	
6	
7	
8	

【知识储备】

一、语音识别

1. 语音识别简介

中国物联网校企联盟形象地把语音识别比作"机器的听觉系统"。语音识别技术就是让机器通过识别和理解过程把语音信号转变为相应的文本或命令的技术。

语音识别技术主要包括特征提取技术、模式匹配准则及模型训练技术。语音识别技术在车联网也得到了充分的引用。例如，在翼卡车联网中，只需通过口述即可设置目的地直接导航，安全、便捷。语音转写文字的示意图如图 3-72 所示。

图 3-72　语音转写文字的示意图

我们在聊天软件中，通常会有一个语音转文本的功能，这种功能的实现大多数人可能都会知道是由智能算法实现的，但是很少有人会想，计算机为什么能够识别这些语音呢，计算机是如何变得如此智能的。

其实计算机智能算法就像人的大脑一样，它需要进行学习，通过学习后，它才能够对特定数据进行处理、反馈。正如语音的识别，模型算法最初是无法直接识别语音内容的，而是经过人工对语音内容进行文本转录，将算法无法理解的语音内容转化成容易识别的文本内容，然后模型算法通过被转录后的文本内容进行识别并与相应的音频进行逻辑关联。

也许会有人问，对于不同的语速、音色模型，算法怎么能够分辨呢？这就是模型算法在学习时需要海量数据的原因，这些数据必须覆盖常用的语言场景、语速、音色等，才能训练出出色的模型算法。

2．语音识别的种类

根据识别对象的不同，语音识别任务大体可分为 3 类，即孤立词识别（Isolated Word Recognition）、关键词识别（或称关键词检出，Keyword Spotting）和连续语音识别。其中，孤立词识别的任务是识别事先已知的孤立的词，如"开机""关机"等；连续语音识别的任务则是识别任意的连续语音，如一个句子或一段话；连续语音流中的关键词检出针对的是连续语音，但它并不识别全部文字，而只是检测已知的若干关键词在何处出现，如在一段话中检测"计算机""世界"这两个词。

根据针对的发音人，可以把语音识别技术分为特定人语音识别和非特定人语音识别，前者只能识别一个或几个人的语音，而后者则可以被任何人使用。显然，非特定人语音识别系统更符合实际需要，但它要比针对特定人的识别困难得多。

另外，根据语音设备和通道，可以分为桌面（PC）语音识别、电话语音识别和嵌入式设备（手机等）语音识别。不同的采集通道会使人的发音的声学特性发生变形，因此需要构造各自的识别系统。

3．语音识别的应用

语音识别的应用领域非常广泛，常见的应用系统有：①语音输入系统，相对于键盘输入方法，它更符合人的日常习惯，也更自然、更高效；②语音控制系统，即用语音来控制设备的运行，相对于手动控制来说，其更加快捷、方便，可以用在诸如工业控制、语音拨号系统、智能家电、声控智能玩具等领域；③智能对话查询系统，根据客户的语音进行操作，为用户提供自然、友好的数据库检索服务，如家庭服务、宾馆服务、旅行社服务系统、订票系统、医疗服务、银行服务、股票查询服务等。

二、文本标注

标注数据，又称为训练数据，即机器处理的内容。标注数据的目标是什么？帮助机器理解人类的自然语言，此过程与数据预处理和标注结合在一起称为自然语言处理。文本标注如果处理不当，将导致机器显示语法错误，或导致清晰度或上下文方面的问题。

算法使用大量标注数据训练 AI 模型，这是较大的数据标注工作流程的一部分。在标注过程中，使用元数据标签标注数据集的特征。通过文本标注，数据中包括强调条件的标签，如关键字、短语或句子。在某些应用中，文本标注还可以包括标注文本中的各种情绪，如"生气"或"讽刺"，以教会机器如何识别单词中隐含的人类意图或情感。

1. 什么是文本标注

文本标注是指根据一定的标准或准则对文字内容进行诸如分词、语义判断、词性标注、文本翻译、主题事件归纳等注释工作。文本标注在生活中的应用比较广泛，主要包括名片自动识别、证照识别等。

使用准确标注的文本数据予以训练后，机器将学会使用自然语言进行足够有效的交流。机器可以执行原本由人类执行的较为重复和单调的任务，从而为组织腾出时间、金钱和资源来专注于更具战略意义的工作。

2. 文本标注类型

文本标注包括各种类型，如情绪、意图、语义和关系。情绪标注通过将文本标记为积极、消极或中立来评估文本中隐含的态度和情感。意图标注分析文本中隐含的需求或欲望，将其分为几个类别，如请求、命令或确认。语义标注将各种标签附加到引用概念和实体（如人物、地点或主题）的文本中。关系标注旨在描绘文档各部分间的各种关系。文本标注典型的任务包括依赖性解析和引用解析。项目类型和相关使用场景将确定应选择何种文本标注技术。

目前，常用的文本标注类别有实体标注、感情标注、词性标注和其他文本类标注等。本任务的任务实施中使用的文本标注类别为实体标注。实体标注需要将一句话中的实体提取出来，如时间、地点、人物等；有时候还需要划分这句话的类别，如文学、体育、音乐等，如图 3-73 所示。

图 3-73　实体标注

3．文本标注标准

文本标注需要遵循一定的质量标准。由于文本标注中的任务较多，所以不同任务的质量标准各有不同。例如，中文分词的质量标准是标注好的分词与词典中的词语一致，不存在歧义。

4．文本标注应用

基于自然语言的 AI 系统的应用层出不穷：智能聊天机器人、电子商务体验的改进、语音助手、机器翻译器、更高效的搜索引擎等。通过利用高质量文本数据简化事务的能力在各大行业中对客户体验和组织利润都具有深远影响。

【任务实施】

一、环境搭建

（1）文本数据采集环境如表 3-17 所示。

表 3-17　文本数据采集环境

环境列表	说明
Python	3.7.3
Debian	10

（2）代码使用的第三方库如表 3-18 所示。

表 3-18　代码使用的第三方库

库名	版本
PyQt	5.11.3

（3）代码目录结构如表 3-19 所示。

表 3-19　代码目录结构

一级目录	二级目录	说明
voice_to_text	ui	界面文件
	voice_rec.ipynb	语音识别运行代码
	call.bnf	配置文件
	pack.ipynb	打包备份文件

二、语音识别采集文本数据

步骤 1：使用 Xftp 终端传输软件将"..\实训资源包\voice_to_text"文件夹上传至 AI 边缘网关"/home/nle/notebook"目录下，如图 3-74 所示。

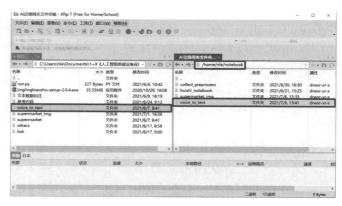

图 3-74　上传文件夹

步骤 2：备份并复制新的 "call.bnf" 文件至系统语音识别目录下。"call.bnf" 文件为语音识别的配置文件，本项目中使用的配置文件和系统自带的配置文件标签配置不同。使用 Xshell 连接 AI 边缘网关，将 "call.bnf" 文件移动至 "/usr/local/speech/recognition/bin" 目录下。AI 边缘网关 root 用户的密码为 nle，结果如图 3-75 所示。

```
# 备份 "call.bnf" 文件
sudo mv /usr/local/speech/recognition/bin/call.bnf /usr/local/speech/recognition/bin/call.bnf.bak
# 复制新的 "call.bnf" 文件
sudo cp /home/nle/notebook/voice_to_text/call.bnf /usr/local/speech/recognition/bin/call.bnf
```

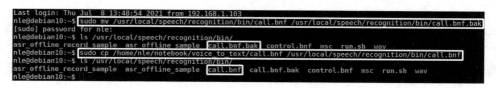

图 3-75　替换 "call.bnf" 文件

步骤 3：在 JupyterLab 中打开 "/voice_to_text/voice_rec.ipynb" 文件，执行代码块 1～5，启动程序。程序启动后，显示器界面如图 3-76 所示。

图 3-76　显示器界面

步骤 4：单击"开始语音识别"按钮，开始识别语音，如图 3-77 所示。

图 3-77　开始语音识别

步骤 5：说出指令"我想要打开灯"，程序进行语音识别，显示识别结果和播报识别结果，并将识别结果写入 rec_text.txt 文档内，如图 3-78 所示。

图 3-78　语音识别结果显示 1

步骤 6：重复步骤 4、步骤 5，依次说出指令"关闭灯""帮我打开门锁""请帮我关闭风扇"，如图 3-79 所示。

图 3-79　语音识别结果显示 2

步骤 7：在当前目录下查看 rec_text.txt，该文本供后续文本标注使用，如图 3-80 所示。

图 3-80　语音识别文本

步骤 8：使用 Xftp 将 "/home/nle/notebook/voice_to_text/ rec_text.txt" 文件下载到本地 "..\配套资料\项目三\实训资源包\文本数据标注" 文件夹中。

三、文本实体标注

1．标注工具介绍

本项目使用的文本标注工具为精灵标注助手，使用该工具进行文本实体标注。标注工具介绍及环境搭建详见本项目任务三。

2．文本标注

步骤 1：双击精灵标注助手图标，运行精灵标注助手，运行后界面如图 3-51 所示。

步骤 2：单击"新建"按钮，进入项目创建界面，选择"自然语言处理"中的"实体关系标注"，如图 3-81 所示。

图 3-81　创建界面

步骤 3：选择标注的文本文件，配套数据路径为 "..\项目三\实训资源包\文本数据标注"，在"实体定义"文本框中输入"请求,控制,设备"（注意使用英文逗号），并删除"关系定义""事件定义""属性定义"文本框中的内容，如图 3-82 所示。

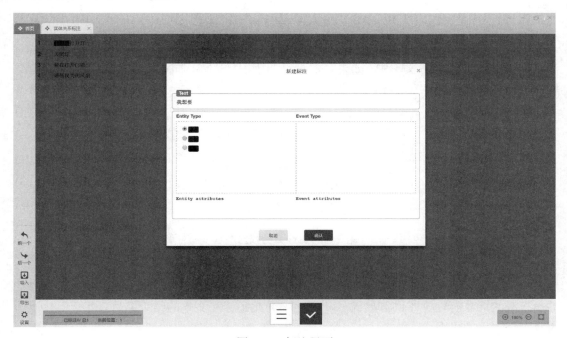

图 3-82 实体定义

步骤 4：在此项目中对词组进行实体标注。实体标注是指将一句话中的实体提取出来，以"关闭风扇"这个词组为例，"关闭"的标签为"控制"，"风扇"的标签为"设备"。智能家居系统将通过文本标签识别相应的设备，并对硬件设备进行"控制"标签相应的操作（关闭）。

单击"创建"按钮进入标注界面，根据语义进行句子命名实体标注。选择"我想要"，标注为请求，如图 3-83 所示。

图 3-83 标注界面

步骤 5：依次将句子内的实体进行标注，如图 3-84 所示。

图 3-84　实体标注

步骤 6：单击下方"保存"按钮保存标注信息。

步骤 7：单击"导出"按钮，以 brat-ann 格式导出，如图 3-85 所示。

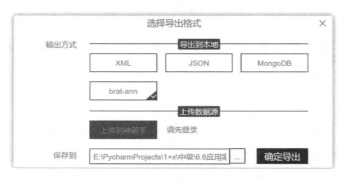

图 3-85　导出格式

步骤 8：标注结束，标注后的数据存放在"..\配套资料\项目三\实训资源包\文本数据标注\outputs\rec_text.ann"文本中。如果文本为空，则说明未单击"保存"按钮保存标注信息。标注后的数据展示如图 3-86 所示。

```
T1   请求   0  3    我想要
T2   控制   3  5    打开
T3   设备   5  6    灯
T4   控制   7  9    关闭
T5   设备   9  10   灯
T6   请求   11 13   帮我
T7   控制   13 15   打开
T8   设备   15 17   门锁
T9   请求   18 21   请帮我
T10  控制   21 23   关闭
T11  设备   23 25   风扇
```

图 3-86　标注后的数据展示

"rec_text.ann"文本中的第一列为文本实体的 ID 或序号，以"T"开头后接数字升序排序。第二列为文本实体标注的类别。由于原始文本信息在标注文件中不换行，标注文件中的第三列为此条标注文本的开始编号，第四列为此条标注文本的结束编号。第五列为文本内容。

【任务检查与评价】

完成任务实施后，进行任务检查与评价，任务检查与评价表存放在本书配套资源中。

【任务小结】

通过本任务，读者学习到了什么是语音识别和文本标注。读者还学会了如何配置和使用语音识别并对文本进行词性标注，如图 3-87 所示。

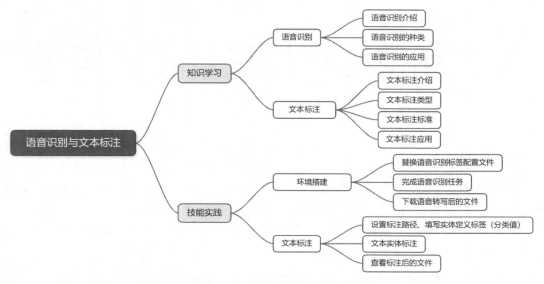

图 3-87 知识技能思维导图

【任务拓展】

能简单说出市场上有哪些语音识别设备吗？

项目四
无人超市应用场景优化

让我们来回顾一下传统超市的购物场景：顾客进入超市，挑选需要用到的商品，选取商品后需要排队等待收银员结账，超市收银员通过逐件扫描商品的方式来结账。这样的方式有明显的不足，如人们在购物时需要花费大量的时间用于排队等待收银员结账、超市的营业时长有限、超市需要人力成本的支出。

无人超市使用了 AI 技术进行物品识别和人脸识别，实现购物金额自动结算，并可以做到自动扣款，使人们更高效、便捷地购物。无人超市能够减少人力的投入从而缓解人力成本带来的盈利压力。无人超市还能够实现 7×24h 开放，适合各个时间段购物的人员，无人超市场景如图 4-1 所示。

图 4-1　无人超市场景

无人超市通常由自助购物机和人脸识别结算系统两大部分组成。其中，自助购物机可以自动识别商品并核算商品的价格；人脸识别结算系统可自动识别结算商品的顾客，在数据库进行人脸数据比对并实现自动支付的功能。

但模型的实际工作环境可能与训练数据场景有所不同，可能会导致错误识别的问题。这不但会影响顾客的使用体验，而且会对商家造成损失。因此如何保证移植模型后也能准确识别商品将是实现无人超市场景的重要任务。本项目将着重引导学生基于预训练模型实现模型微调训练，保证模型在特定应用场景下的识别效果。其中包括了模型微调、模型评估与模型部署三大主要模块。

任务一　无人超市应用系统模型微调

【职业能力目标】

- 能够使用 Anaconda 搭建模型训练环境；
- 能够在 JupyterLab 中使用代码转换标注文件；
- 能够根据训练要求配置模型训练参数；
- 能够进行模型训练。

【任务描述与要求】

任务描述：

要求完成模型训练，要求使用的数据集为超市商品图像，微调训练可以提升模型的识别精度。训练完成后将得到模型文件。

任务要求：

- 安装 Anaconda3；
- 搭建 Python 虚拟环境；
- 划分训练集和测试集；
- 配置训练参数；
- 完成模型微调训练。

【任务分析与计划】

根据所学相关知识，请制订本任务的实施计划，如表 4-1 所示。

表 4-1　任务计划表

项目名称	无人超市应用场景优化
任务名称	无人超市应用系统模型微调
计划方式	自行设计
计划要求	请用 8 个计划步骤来完整描述如何完成本任务
序号	任务计划
1	
2	
3	
4	
5	
6	
7	
8	

【知识储备】

在项目三中已经介绍过图像数据采集和预处理、图像标注的相关知识，本任务的知识储备主要介绍模型微调、训练集和测试集、深度学习、目标检测算法。

一、模型微调

模型微调是指将新数据集加入预训练过的模型进行训练，并使参数适应新数据集的过程。普通预训练模型的特点是用了大型数据集做训练，已经具备了提取浅层基础特征和深层抽象特征的能力。微调训练可以大大提升训练效率，减少时间和计算资源。在遇到以下情况时可以考虑进行微调。

（1）数据集与预训练模型的数据集相似，但数据量小。

（2）自己搭建或者使用的 CNN 模型正确率低。

（3）计算资源太少。

在一些特定领域的识别分类中，个人不容易获取大量的数据。在这种情况下重新训练一个新的网络是比较复杂的，而且参数不好调整，数据量也不够，因此微调就是一个比较理想的选择。

微调网络，通常需要有一个初始化的模型参数文件。不同于在训练一个新的网络的过程中，模型的参数都被随机初始化，微调可以在 ImageNet 图像数据集上 1000 类分类训练好的参数的基础上，根据分类识别任务进行特定的参数调整和训练。

二、训练集和测试集

机器学习的流程大致可以概括为：

（1）使用大量与任务相关的数据集训练模型。

（2）通过模型在数据集上的误差不断迭代训练模型，得到对数据集拟合合理的模型。

（3）将训练好调整好的模型应用到真实的场景中。

训练模型的目标是提高训练后的模型在真实数据上的预测准确率。通常把模型在真实环境中的误差叫作泛化误差，最终的目的是希望训练好的模型泛化误差越低越好。

在训练开始之前，要先将数据分割成两个部分：训练集和测试集。这样就可以使用训练集的数据来训练模型，然后用测试集上的误差作为最终模型在应对现实场景中的泛化误差。有了测试集，当要验证模型的最终效果时，只需将训练好的模型在测试集上计算误差，即可认为此误差为泛化误差的近似值，可以通过比较训练好的模型在测试集上的误差大小来评估模型的泛化能力。

需要注意的是：

（1）请勿使用测试集来调整训练参数，这相当于将测试集当成训练集来使用，并不能降低模型在真实场景下的泛化误差。将测试集用于调整训练参数相当于学生在考试之前就拿到了考题，导致此次考试成绩高的学生未必是真正掌握更多知识的学生。

（2）在划分之前需要让样本顺序随机化，以保证训练集和测试集中不同类别标签的样本平衡。样本不平衡指数据集中、不同类别标签出现频率差距大，训练样本不平衡将影响模型的预测效果。

　　由于测试集作为对泛化误差的近似，所以训练好模型，需要最后在测试集上近似估计模型的泛化能力。此时假设有两个不同的机器学习模型，犹豫不决的时候，可以通过训练两个模型，然后对比它们在测试数据上的泛化误差，选择泛化能力强的模型。

三、深度学习

　　深度学习（Deep Learning）是机器学习的分支，是一种以人工神经网络为架构，对数据进行表征学习的方法。现已有数种常见深度学习网络架构，如全连接神经网络、卷积神经网络（CNN）、深度置信网络和循环神经网络等。深度学习框架已被广泛应用于计算机视觉、语音识别、自然语言处理、音频识别等领域。目前已有大量的 AI 应用框架，如 TensorFlow、PyTorch、Caffe 和 MXNet 等。本项目将使用 TensorFlow 深度学习框架训练商品分类模型。

　　深度学习通过较简单的表示表达复杂的表示，解决了表示学习中的核心问题。深度学习让计算机通过较简单概念构建复杂的概念。

　　图 4-2 展示了深度学习系统如何通过组合较简单的概念表示计算机难以理解原始感观输入数据的含义，如表示为像素值集合的图像。将一组像素映射到对象标识的函数非常复杂，如果直接处理，学习或评估此映射似乎是不可能的。深度学习将所需的复杂映射分解为一系列嵌套的简单映射（每个由模型的不同层描述）来解决这一难题。输入展示在可见层（Visible Layer），这样命名的原因是它包含我们能观察到的变量。然后是一系列从图像中提取越来越多抽象特征的隐藏层（Hidden Layer）。因为它们的值不在数据中给出，所以将这些层称为"隐藏层"；模型必须确定哪些概念有利于解释观察数据中的关系。这里的图像是每个隐藏单元表示的特征的可视化。给定像素，第一层可以轻易地通过比较相邻像素的亮度来识别边缘。有了第一隐藏层描述的边缘，第二隐藏层可以容易地搜索可识别为角和扩展轮廓的边集合。给定第二隐藏层中关于角和轮廓的图像描述，第三隐藏层可以找到轮廓和角的特定集合来检测特定对象的整个部分。根据图像描述中包含的对象部分，可以识别图像中存在的对象。深度学习模型的典型例子是前馈深度网络或多层感知机（Multi Layer Perceptron，MLP）。多层感知机仅仅是一个将一组输入值映射到输出值的数学函数。该函数由许多较简单的函数复合而成。我们可以认为，不同数学函数的每一次应用都为输入提供了新的表示，深度学习模型示意图如图 4-2 所示。

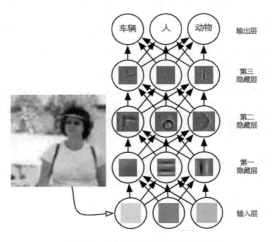

图 4-2　深度学习模型示意图

TensorFlow 是谷歌公司基于 DistBelief 研发的第二代 AI 学习系统，其名称来源于本身的运行原理。张量（Tensor）意味着 N 维数组，流（Flow）意味着基于数据流图的计算，TensorFlow 是张量从流图的一端流动到另一端的计算过程。TensorFlow 是将复杂的数据结构传输至 AI 神经网络中进行分析和处理的系统。

TensorFlow 作为 AI 常用的应用框架之一，有着众多的优点，如灵活可扩展、运算性能强、支持多语言、支持多平台和提供强大的研究实验。

四、目标检测算法

图像分类模型可以将图像划分为单个类别，通常对应于图像中最突出的物体。但是现实世界的很多图片通常包含多个物体，此时如果使用图像分类模型为图像分配单一的标签并不准确。对于这样的情况，就需要目标检测模型。

目标检测模型可以识别一张图片中的多个物体，并可以定位出不同物体（给出边界框）。目标检测模被应用于许多场景，如无人驾驶和安防系统等。

传统目标检测算法（如帧差法、Hough 变换、光流法等）受到很多外在条件的限制。例如，当样本量较大时，最优阈值的计算效率太低，灰色信息容易被噪点污染，导致结果准确度低。随着 CNN 的广泛使用，许多目标检测算法与 CNN 结合起来。根据目标检测算法的工作流程，可以将目标检测算法分为双步法（Two Stage）和单步法（One Stage）。

1. 双步法

双步法的主要思路是先通过启发式方法或 CNN 产生一系列稀疏的候选框，然后对这些候选框进行分类或者回归。双步法的优势是准确度高，但是运行速度较慢。双步法的代表算法有 R-CNN、Fast R-CNN、Faster R-CNN 等。

2. 单步法

单步法的主要思路是均匀地在图片的不同位置进行密集抽样，抽样时可以采用不同尺寸和长宽比，利用 CNN 提取特征后，直接在提取的特征上进行分类或者回归，整个过程只需要一步，所以单步法的优势是速度快，但是均匀的密集采样的一个主要缺点是训练比较困难，这导致模型准确度较低。单步法的代表算法有 YOLO 和 SSD 等。在后续的模型训练中将会使用 YOLO 算法来实现目标检测。

YOLO（You Only Look Once）是一种基于深度 CNN 的物体检测算法。YOLO v3 是 YOLO 的第 3 个版本，具有检测速度快、背景误检率低、通用性强等优点。用 YOLO v3 算法输入一张图片，要求输出其中所包含的对象，以及每个对象的位置（包含该对象的矩形框），如图 4-3 所示。

图 4-3　对象识别和定位

对象识别和定位，可以看成两个任务：找到图片中某个存在对象的区域，然后识别出该区域中具体是哪个对象。

对象识别和定位最简单的想法就是遍历图片中所有可能的位置，地毯式搜索不同大小、不同宽高比、不同位置的每个区域，逐一检测其中是否存在某个对象，挑选其中概率最大的结果作为输出。YOLO 创造性地将候选区和对象识别这两个阶段合二为一，看一眼图片就能知道有哪些对象，以及它们的位置。

【任务实施】

项目代码的环境依赖常常有所不同，使用虚拟环境将很大程度上避免潜在的兼容性问题。本任务将使用 Anaconda3 来创建并管理虚拟环境，并通过 JupyterLab 展现项目代码。

一、安装 Anaconda3

注意：在安装 Anaconda3 之前需要保证 Windows 用户名为英文，可在 C:\Users 路径下查看，本机的用户名为 nle，如图 4-4 所示。

图 4-4　查看本机用户名

若用户名中含有中文字符，则需在 Windows 中新建英文账户，并在英文环境下搭建模型训练环境；否则在实操过程中可能遇到各种无法预知的问题。

步骤 1：双击打开 "..\项目四\Anaconda3-5.0.1-Windows-x86_64.exe" 文件，安装 Anaconda3，安装步骤如图 4-5 所示。

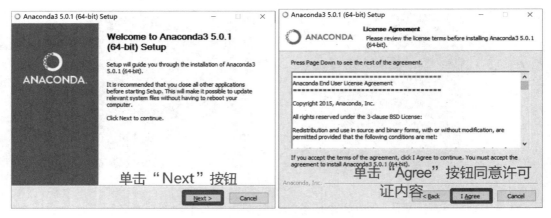

图 4-5　Anaconda3 安装步骤 1

步骤 2：选择为个人用户安装或者为这台机器上的所有用户安装（需要管理员权限）。接下来选择安装路径，若机器的用户名为中文，则需将路径改为纯英文路径，建议将安装路径设置为 "C:\Anaconda3"。这两步需根据实际情况进行设置，安装步骤如图 4-6 所示。

图 4-6　Anaconda3 安装步骤 2

步骤 3：选择是否需要添加 "Anaconda3" 路径到系统环境变量，此项建议保持默认不勾选。另一项是将 "Anaconda3" 中的 "Python3.6" 设置为系统默认的 "Python"，此项建议也不勾选。若本机上已经装有 Python，则勾选 "Register Anaconda as my default Python3.6" 可能会使系统中已安装的部分程序或功能无法使用。单击 "Install" 按钮安装 Anaconda3，安装步骤如图 4-7 所示。

步骤 4：取消勾选最后两个复选框，并单击 "Finish" 按钮完成 Anaconda3 的安装程序，安装步骤如图 4-8 所示。

图 4-7　Anaconda3 安装步骤 3

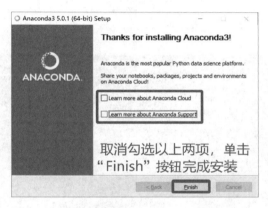

图 4-8　Anaconda3 安装步骤 4

二、搭建模型训练环境

步骤 1：将教材配套软件资源包中的 supermarket-tf.zip 压缩包解压至 C 盘根目录下，如图 4-9 所示。

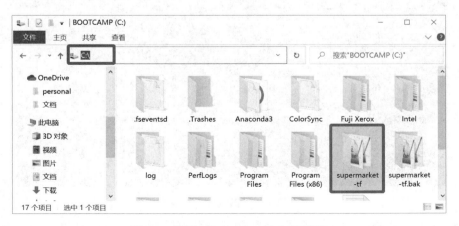

图 4-9　解压 supermarket-tf.zip 压缩包

步骤 2：在"开始"菜单中打开 Anaconda Prompt，如图 4-10 所示。

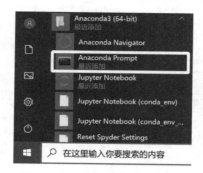

图 4-10　打开 Anaconda Prompt

步骤 3：在终端中使用如下命令创建模型微调环境 supermarket-tf，结果如图 4-11 所示。

```
# 离线模式下使用 conda 创建名为"supermarket-tf"的模型微调环境
conda create --offline -n supermarket-tf python=3.6 -y
```

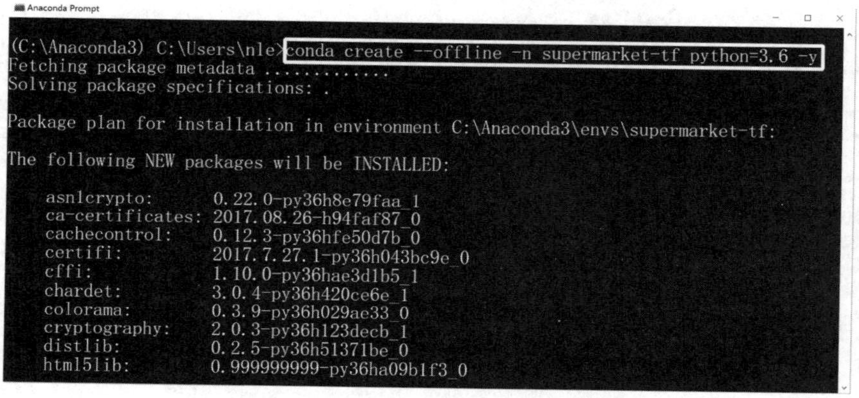

图 4-11　创建模型微调环境 supermarket-tf

环境创建完成后终端会输出提示，如图 4-12 所示。

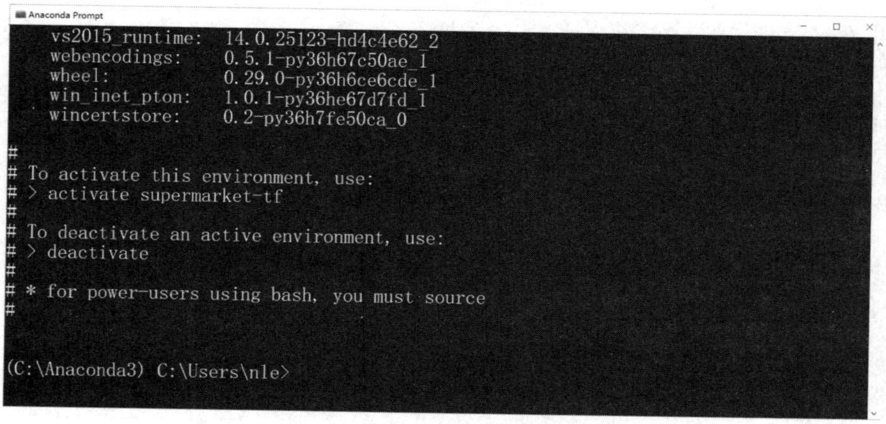

图 4-12　模型微调环境创建完成

步骤 4：进入 supermarket-tf 环境，执行如下命令安装所需依赖库，结果如图 4-13 所示。

```
# 进入 supermarket-tf 环境
```

```
activate supermarket-tf
# 切换至 pip 环境安装包目录下
cd C:\supermarket-tf\pip_pkgs\
# 以离线方式安装依赖库
pip install -r requirements.txt --no-index --find-links=./
```

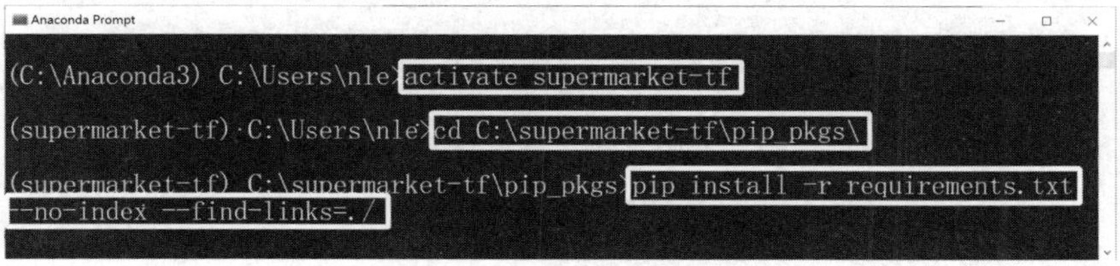

图 4-13　安装依赖库

等待 Python 依赖包安装，安装完成后终端会输出提示，如图 4-14 所示。

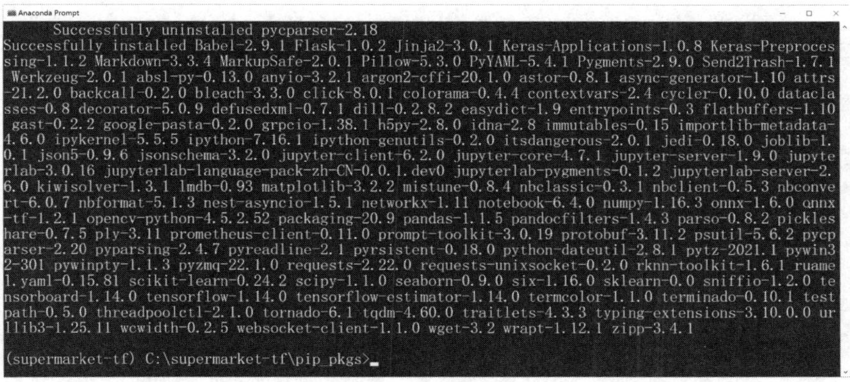

图 4-14　安装成功显示结果

步骤 5：检查 RKNN Toolkit 是否成功安装。在终端中输入"python"，运行 Python 后输入如下命令。若没有任何信息输出，则说明 RKNN 库导入成功，即说明安装正常，输入"exit()"退出 Python，结果如图 4-15 所示。

```
# 进入 Python
python
# 查看RKNN Toolkit 是否安装成功（Python 启动后输入命令）
from rknn.api import RKNN
# 退出 Python（Python 启动后输入命令）
exit()
```

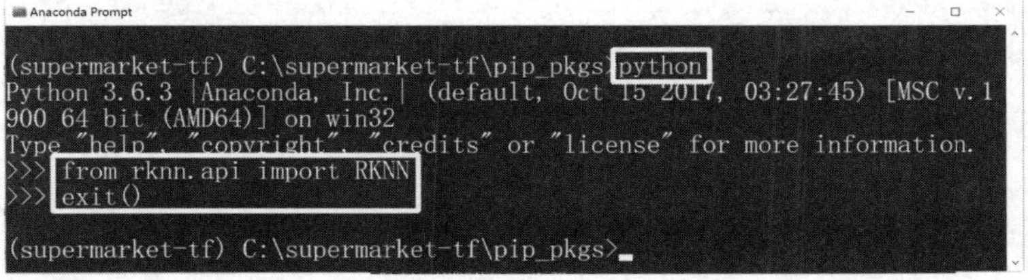

图 4-15　检测安装是否成功

在终端中输入如下命令，启动 RKNN，结果如图 4-16 所示。
```
python -m rknn.bin.visualization
```

```
(supermarket-tf) C:\supermarket-tf\pip_pkgs python -m rknn.bin.visualization
127.0.0.1:7000 is unused
server_flag_file doesn't exist, run server first time
********************* open window *********************

 * Serving Flask app "rknn.visualization.server.flask_rknn_tookit" (lazy loading)
 * Environment: production
   WARNING: Do not use the development server in a production environment.
   Use a production WSGI server instead.
 * Debug mode: off
server is ready
init window  0
```

图 4-16　启动 RKNN

同时，终端将启动 RKNN Toolkit 模型转换工具的图形化界面，该工具用于将模型文件转换为适用于 AI 边缘网关的格式。如果能正常启动 RKNN Toolkit 模型转换工具的图形化界面，则说明 RKNN Toolkit 安装成功，如图 4-17 所示。

图 4-17　RKNN Toolkit 模型转换工具的图形化界面

单击右上角"×"按钮，关闭 RKNN Toolkit 模型转换工具的图形化界面，可看到终端输出窗口关闭的提示，如图 4-18 所示。

```
 * Serving Flask app "rknn.visualization.server.flask_rknn_tookit" (lazy loading)
 * Environment: production
   WARNING: Do not use the development server in a production environment.
   Use a production WSGI server instead.
 * Debug mode: off
server is ready
init window  0
********************close window 0********************

********************close server********************

(supermarket-tf) C:\supermarket-tf\pip_pkgs>
```

图 4-18　终端输出窗口关闭的提示

步骤 6：检查 JupyterLab 是否安装成功。在终端中输入如下命令启动 JupyterLab，结果如图 4-19 所示。

```
# 进入 supermarket-tf 目录
cd C:\supermarket-tf
# 打开 JupyterLab
jupyter lab
```

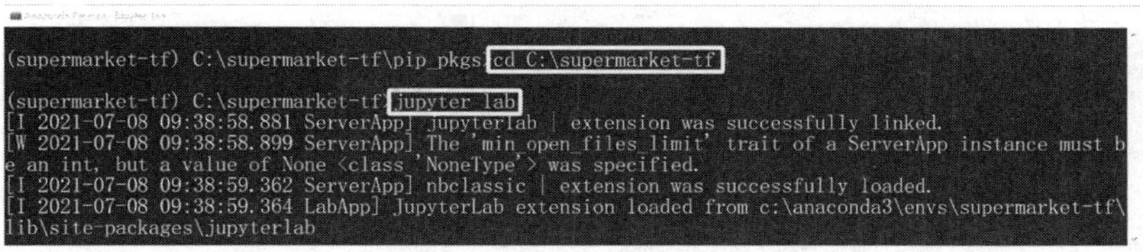

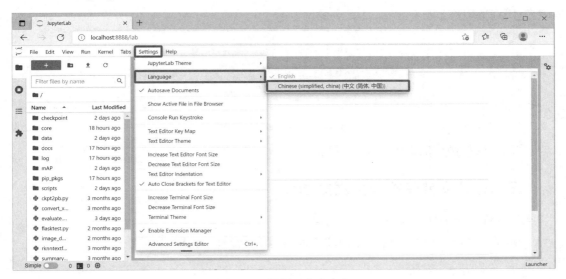

图 4-19　启动 JupyterLab

在终端界面输入命令后将自动弹出浏览器并进入 JupyterLab 界面。需要注意的是，JupyterLab 开发环境在 IE 浏览器中无法打开。在终端启动 JupyterLab 后，如果没有自动启动浏览器或者 JupyterLab 界面没有正确显示，可通过复制终端显示的任意链接打开。推荐使用 Edge 浏览器或者 Chrome 浏览器打开网址，即可看到 JupyterLab 界面，启动 JupyterLab 后，终端输出的提示如图 4-20 所示。

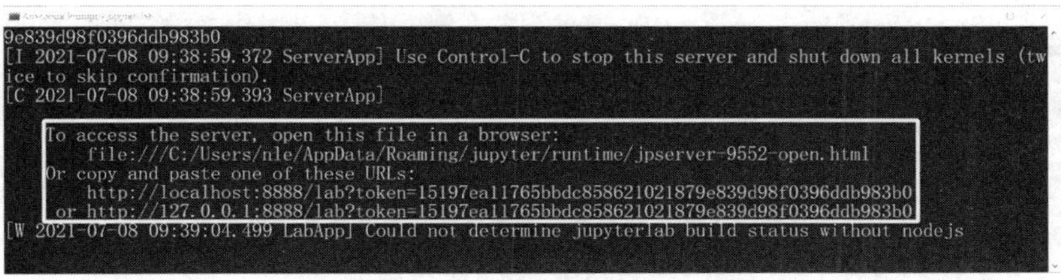

图 4-20　终端输出的提示

步骤 7：在浏览器中将 JupyterLab 界面中的语言设置为中文。单击"Settings"选项卡，再单击"Language"命令，选择中文，如图 4-21 所示。

图 4-21　设置语言为中文

设置完成后将弹出是否需要刷新页面的提示，单击"OK"按钮刷新页面，如图 4-22 所示。

图 4-22　刷新页面

此时，JupyterLab 界面中显示的语言为中文。在左侧边栏中找到 supermarket_win.ipynb 文件，该文件包含了实验流程、相关讲解与可运行代码，并在关键知识点处设置了动手实操内容。双击打开此文件，在右侧可看到该 Notebook 文件中的内容，如图 4-23 所示。

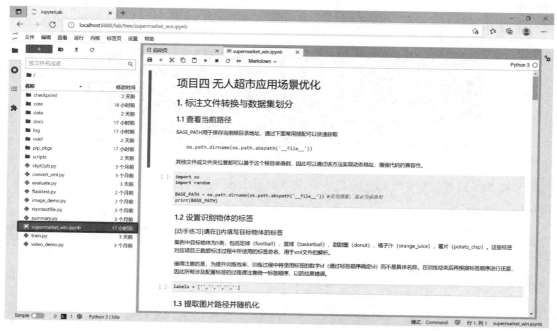

图 4-23　JupyterLab 界面

至此，模型微调的训练环境搭建完毕。

三、标注文件转换与数据集划分

在 JupyterLab 界面上，执行以下步骤。

步骤 1：在 JupyterLab 内运行如图 4-24 所示的代码块可获取当前路径。

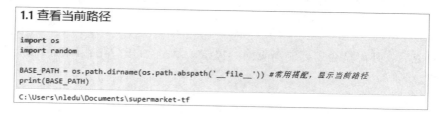

图 4-24　无人超市项目所在路径

步骤2：设置识别物体的标签。

案例中目标物体为 5 类，包括足球（football）、篮球（basketball）、甜甜圈（donut）、橙汁（orange_juice）、薯片（potato_chip）。这些标签对应项目三数据标注过程中所使用的标签命名，用于 XML 文件的解析，如图 4-25 所示。

动手练习：

填入数据集中涉及的标签（英文）。

1.2 设置识别物体的标签

```
labels = ['football','basketball','donut','orange_juice','potato_chip']
```

图 4-25 设置识别物体的标签

动手练习：

配置标签文件。

在"..\supermarket-tf\data\classes\"文件夹下找到 supermarket.names 文件，该文件用于存放项目需要识别的目标物体的标签。在 supermarket.names 文件内填写所有需要识别的目标物体的标签，如图 4-26 所示。

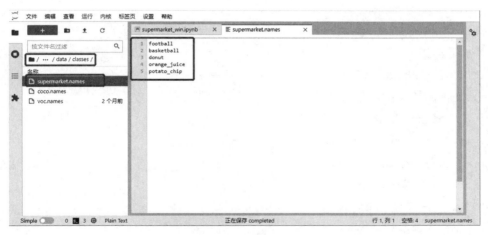

图 4-26 标签文件示例

值得注意的是，为提升训练效率，训练过程中将使用标签的数字 id（通过标签顺序确定 id）而不是具体名称。在训练结束后再根据标签顺序进行还原，因此所有涉及配置标签的过程，请注意统一标签顺序，以防结果错误。

步骤3：获取 img 文件夹下所有图片路径。

使用 random.shuffle()函数进行随机化，目的是后续划分训练集和测试集时，各类别的图片能够均匀分布在训练集和测试集上，如图 4-27 所示。

```
1.3 提取图片路径并随机化

INPUT_DIR= BASE_PATH +'\\data\\dataset\\supermarket\\img'

paths = []
for path in (os.path.join(p, name) for p, _, names in os.walk(INPUT_DIR) for name in names):
    paths.append(path)
random.shuffle(paths)
#print(paths)
```

图 4-27　提取图片路径并随机化

步骤 4：设置界限划分训练集和测试集。

通常需要在构建模型之前将数据集进行划分，将单个数据集拆分为一个训练集和一个测试集，比例一般为 8∶2，即 vp 的值可以设置为 0.2。其中 mid 为划分界限，根据划分系数与数据集图片数量计算出划分界限，即动态确定在第几张图片的位置进行划分能按比例将整个数据集分为两份。由于划分界限需要为整数，因此需要对结果进行取整。

动手练习：

请填写划分比例并根据比例计算划分界限，如图 4-28 所示。

```
1.4 设置测试集划分比例

vp = 0.2      #设置划分比例
mid = round(vp*len(paths)) #根据比例确定划分界限
#print(mid)
```

图 4-28　设置测试集划分比例

步骤 5：设置 XML 信息提取函数，如图 4-29 所示。

XML 信息提取函数作用为提取 XML 文件内的关键信息，包括识别标签"<name>"，提取标注框信息，即左下坐标"<xmin>""<ymin>"和右上坐标"<xmax>""<ymax>"。需要注意的是，一张图片中可能包含至少一个标注框，且由于 XML 文件的格式统一，每当扫描到"<ymax>"行时就意味着一个标注框的结束，因此在"<ymax>"处对输出结果进行更新，

```
1.5 设置XML信息提取函数

def extract_xml(path,img_path):
    result = img_path
    for line in open(path):
        if '<name>' in line:
            for i in range(len(labels)):
                if labels[i] in line:
                    labelid = str(i)
                    break
        if '<xmin>' in line:
            begin = line.find('<xmin>')
            end = line.find('</xmin>')
            xmin = line[begin+6:end]
        if '<ymin>' in line:
            begin = line.find('<ymin>')
            end = line.find('</ymin>')
            ymin = line[begin+6:end]
        if '<xmax>' in line:
            begin = line.find('<xmax>')
            end = line.find('</xmax>')
            xmax = line[begin+6:end]
        if '<ymax>' in line:
            begin = line.find('<ymax>')
            end = line.find('</ymax>')
            ymax = line[begin+6:end]
            result = result+' '+xmin+','+ymin+','+xmax+','+ymax+','+labelid
    return result
```

图 4-29　XML 信息提取函数

最终得到一个图片路径对应的一个或多个标注信息的输出结果。

步骤 6：执行如图 4-30 所示的代码块生成训练集。

在过程中根据文件名后缀来判断文件是否为图片文件，过滤非图片文件。当目标为图片文件时，通过 XML 信息提取函数提取同名 XML 文件信息进行数据转换。

1.6 生成训练集

```
ftrain = open(BASE_PATH+'\\data\\dataset\\train.txt','w')

for img_path in paths[mid:]:
    #print(img_path)
    filename = img_path.split('\\')[-1]
    pd = filename.split('.')[-1]
    if pd not in ("jpg", "png", "jpeg"):
        continue

    path = BASE_PATH+'\\data\\dataset\\supermarket\\outputs\\'+filename.split('.')[0]+'.xml'

    ftrain.write(extract_xml(path,img_path)+'\n')

ftrain.close()
```

图 4-30　生成训练集

执行完成后将在 "..\supermarket-tf\data\dataset\" 文件夹下生成 train.txt 文件，内容如图 4-31 所示。

图 4-31　TensorFlow 训练数据文档

步骤 7：执行如图 4-32 所示的代码块生成测试集。

1.7 生成测试集

```
ftest = open(BASE_PATH+'\\data\\dataset\\test.txt','w')

for img_path in paths[0:mid]:
    filename = img_path.split('\\')[-1]
    pd = filename.split('.')[-1]
    if pd not in ("jpg", "png", "jpeg"):
        continue
    path = BASE_PATH+'\\data\\dataset\\supermarket\\outputs\\'+filename.split('.')[0]+'.xml'

    ftest.write(extract_xml(path,img_path)+'\n')

ftest.close()
```

图 4-32　生成测试集

执行完成后将在 "..\supermarket-tf\data\dataset\" 文件夹下生成 test.txt 文件，如图 4-33 所示。

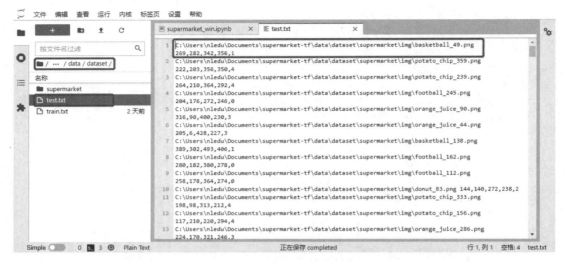

图 4-33　TensorFlow 测试数据文档

四、模型参数配置

步骤 1：打开 "..\supermarket-tf\core\" 文件夹下的 "config.py" 参数配置文件，如图 4-34 所示。

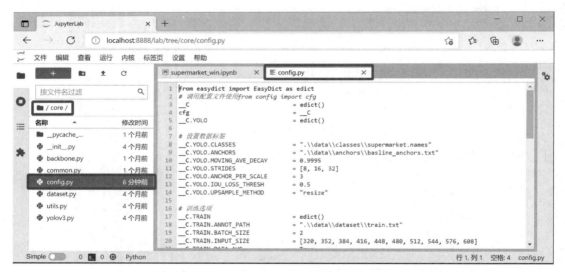

图 4-34　参数配置文件

此参数配置文件汇集了数据标签、训练、预训练权重和测试相关的参数设置，能够帮助用户只使用一个文件就能控制整个项目的具体实现。对于模型训练部分，这里只需要调整训练部分的相关参数。

步骤 2：根据训练要求设置参数，如图 4-35 所示。

```
7   # 设置数据标签
8   __C.YOLO.CLASSES                      = ".\\data\\classes\\supermarket.names"
9   __C.YOLO.ANCHORS                      = ".\\data\\anchors\\basline_anchors.txt"
10  __C.YOLO.MOVING_AVE_DECAY             = 0.9995
11  __C.YOLO.STRIDES                      = [8, 16, 32]
12  __C.YOLO.ANCHOR_PER_SCALE             = 3
13  __C.YOLO.IOU_LOSS_THRESH              = 0.5
14  __C.YOLO.UPSAMPLE_METHOD              = "resize"
15
16  # 训练选项
17  __C.TRAIN                             = edict()
18  __C.TRAIN.ANNOT_PATH                  = ".\\data\\dataset\\train.txt"
19  __C.TRAIN.BATCH_SIZE                  = 2
20  __C.TRAIN.INPUT_SIZE                  = [320, 352, 384, 416, 448, 480, 512, 544, 576, 608]
21  __C.TRAIN.DATA_AUG                    = True
22  __C.TRAIN.LEARN_RATE_INIT             = 1e-5
23  __C.TRAIN.LEARN_RATE_END              = 1e-7
24  __C.TRAIN.WARMUP_EPOCHS               = 0
25  __C.TRAIN.FISRT_STAGE_EPOCHS          = 5
26  __C.TRAIN.SECOND_STAGE_EPOCHS         = 0
27
28  #载入预训练权重
29  __C.TRAIN.INITIAL_WEIGHT              = ".\\checkpoint\\test_loss=0.8620.ckpt-500"
30
31  # 测试选项
32  __C.TEST                              = edict()
33  __C.TEST.ANNOT_PATH                   = ".\\data\\dataset\\test.txt"
34  __C.TEST.BATCH_SIZE                   = 1
35  __C.TEST.INPUT_SIZE                   = 416
36  __C.TEST.DATA_AUG                     = False
37  __C.TEST.WRITE_IMAGE                  = True
38  __C.TEST.WRITE_IMAGE_PATH             = ".\\data\\detection\\"
39  __C.TEST.WRITE_IMAGE_SHOW_LABEL       = True
40  __C.TEST.WEIGHT_FILE                  = ".\\checkpoint\\test_loss=0.8620.ckpt-500"
41  __C.TEST.SHOW_LABEL                   = True
42  __C.TEST.SCORE_THRESHOLD              = 0.3
43  __C.TEST.IOU_THRESHOLD                = 0.45
```

图 4-35 设置训练参数

其中关键参数解释如下。

（1）__C.YOLO.CLASSES 为标签配置文件存放地址。

（2）__C.YOLO.ANCHORS 为锚点配置文件存放地址。

（3）__C.TRAIN.ANNOT_PATH 为训练集地址。

（4）__C.TRAIN.BATCH_SIZE 为训练时批处理图片数量。

（5）__C.TRAIN.LEARN_RATE_INIT 为初始学习率。

（6）__C.TRAIN.LEARN_RATE_END 为学习率调整终点。

（7）__C.TRAIN.WARMUP_EPOCHS 为预热训练迭代次数。

（8）__C.TRAIN.FISRT_STAGE_EPOCHS 为第一阶段训练迭代次数。

（9）__C.TRAIN.SECOND_STAGE_EPOCHS 为第二阶段训练迭代次数。

（10）__C.TRAIN.INITIAL_WEIGHT 为预训练权重存放地址。

动手练习：

填写关键参数。

1. 填写标签配置文件存放地址（ __C.YOLO.CLASSES ）：此地址对应"标注文件转换与数据集划分"中步骤 2 的 supermarket.names 文件。

2. 填写训练集地址（ __C.TRAIN.ANNOT_PATH ）：此地址对应"标注文件转换与数据集划分"中步骤 6 生成的训练集的标注信息文件。

3. 填写初始学习率（ __C.TRAIN.LEARN_RATE_INIT ）：为模型训练设置初始学习率，学习率的设置通常需要根据经验并结合实际情况进行调整，由于此案例为微调训练，建议设置学习率为 10 的负 5 次方。

4. 填写学习率调整终点（ __C.TRAIN.LEARN_RATE_END ）：建议设置为 10 的负 7 次方。

5. 填写预热训练迭代次数（ __C.TRAIN.WARMUP_EPOCHS ）：设置模型训练经过多少次迭代后将从 0 逐渐升至初始学习率。

6. 填写第一阶段训练迭代次数（ __C.TRAIN.FISRT_STAGE_EPOCHS ）：这个阶段将专注于训练最后的检测部分，即只训练最后的分类与回归层。

7. 填写第二阶段训练迭代次数（ __C.TRAIN.SECOND_STAGE_EPOCHS ）：这个阶段为整体训练。

8. 填写预训练权重存放地址（ __C.TRAIN.INITIAL_WEIGHT ）：配套资料中提供了预训练模型，存放在 "..\supermarket-tf\checkpoint\" 文件夹下。预训练权重以 ckpt 文件形式保存，分为四个部分，具体将在模型训练部分详细介绍。这里选择了迭代 500 次得到的模型权重作为预训练权重，即 test_loss=0.8620.ckpt-500。

总结动手练习中 3～7 的参数设置，学习率变化将表现为上升→平稳→下降。由于神经网络在刚开始训练时是非常不稳定的，因此刚开始的学习率应当设置很低，这样可以保证网络能够具有良好的收敛性。但是较低的学习率会使训练过程变得非常缓慢，因此这里采用以较低学习率逐渐增大至较高学习率的方式实现网络训练的"热身"阶段。但训练的最终目标是尽可能使网络训练的损失最小，那么一直使用较高学习率是不合适的，因为它会使权重的梯度一直来回波荡，很难使训练的损失值达到全局最低谷。因此在经过热身阶段后，学习率会随着训练迭代次数的增加而逐步减小到人为设置的最低值。

五、模型训练

为了能够实时监测代码输出及运行状态，我们将使用终端运行代码文件。

步骤 1：在"开始"菜单中打开 Anaconda Prompt，如图 4-10 所示。

步骤 2：进入 supermarket-tf 环境，并切换至 supermarket-tf 目录下。在该目录下可以查看模型训练所需使用的 train.py 文件，如图 4-36 所示。

```
# 进入 supermarket-tf 环境
activate supermarket-tf
```

```
# 切换至 supermarket-tf 目录下
cd C:\supermarket-tf\
```

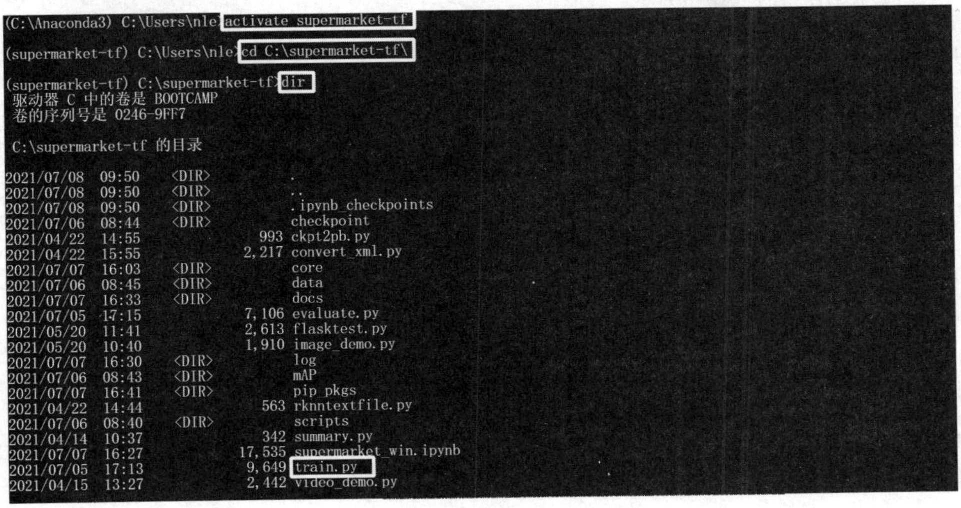

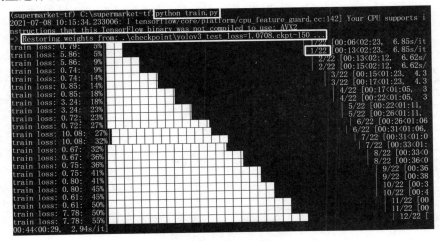

图 4-36　supermarket-tf 目录

步骤 3：运行如下代码，开始模型训练。

```
python train.py
```

根据配置文件 config.py 中设置的参数控制模型的训练过程，模型框架采用 YOLO v3 目标识别模型。训练时终端界面将实时输出训练进度与损失参数信息，如图 4-37、图 4-38 所示。

命令行中输出信息的介绍如下。

（1）"Restoring weights from"：从该路径中读取预训练模型。

（2）"train loss"：输出训练过程中的损失值 loss。

（3）"1/22"：1 代表目前正在训练第一个 batch；22 代表模型将训练集中的所有图片都进行一次训练，总共需要训练 22 个 batch。因为训练集中的图片一共有 44 张，并且在 config.py 配置文件中将 batch_size 设置为 2，在训练过程中，模型每次训练两张图片后对模型中的权重进行调整。

图 4-37　开始模型训练

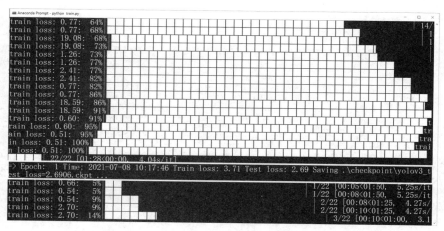

图 4-38　Epoch 1 完成

（4）"Epoch"：模型完成训练集中的所有图片的训练次数。在完成每一个 Epoch 后，程序会保存此时的模型文件，并命名为"yolov3_test_loss=(该模型在测试集上的损失值).ckpt"。

步骤 4：训练完成得到权重文件。

训练完成后，checkpoint 文件夹内会保留最近 10 代的模型训练结果，结果采用 ckpt 格式保存，分为 4 个文件，主要包括 2 个方面内容：神经网络图结构（元数据图）和已训练好的检查点文件。

（1）元数据图：保存了 TensorFlow 完整的神经网络图结构。该文件以.meta 为扩展名。

（2）检查点文件：是一个二进制文件，包含权重变量、biases 变量和其他变量。该文件以 ckpt 为扩展名，分为.index 文件、.data（-00000-of-00001）文件和 checkpoint 文件。其中，.data（-00000-of-00001）文件是包含训练变量的文件；.index 文件描述了 variable 中 Key 和 Value 的对应关系；checkpoint 文件列出了保存的所有模型及最近模型的相关信息，如图 4-39 所示。

📁 / checkpoint /	
名称 ▲	修改时间
📄 checkpoint	9 分钟前
📄 yolov3_test_loss=1.0708.ckpt-150.data-00000-of-00001	3 个月前
📄 yolov3_test_loss=1.0708.ckpt-150.index	3 个月前
📄 yolov3_test_loss=1.0708.ckpt-150.meta	3 个月前
📄 yolov3_test_loss=2.3176.ckpt-5.data-00000-of-00001	9 分钟前
📄 yolov3_test_loss=2.3176.ckpt-5.index	9 分钟前
📄 yolov3_test_loss=2.3176.ckpt-5.meta	9 分钟前
📄 yolov3_test_loss=2.3251.ckpt-2.data-00000-of-00001	27 分钟前
📄 yolov3_test_loss=2.3251.ckpt-2.index	27 分钟前
📄 yolov3_test_loss=2.3251.ckpt-2.meta	27 分钟前
📄 yolov3_test_loss=2.5550.ckpt-4.data-00000-of-00001	15 分钟前
📄 yolov3_test_loss=2.5550.ckpt-4.index	15 分钟前
📄 yolov3_test_loss=2.5550.ckpt-4.meta	15 分钟前
📄 yolov3_test_loss=2.6534.ckpt-3.data-00000-of-00001	20 分钟前
📄 yolov3_test_loss=2.6534.ckpt-3.index	20 分钟前
📄 yolov3_test_loss=2.6534.ckpt-3.meta	20 分钟前
📄 yolov3_test_loss=2.6906.ckpt-1.data-00000-of-00001	29 分钟前
📄 yolov3_test_loss=2.6906.ckpt-1.index	29 分钟前
📄 yolov3_test_loss=2.6906.ckpt-1.meta	29 分钟前

图 4-39　训练得到的权重文件

步骤 5：查看训练过程参数。

训练过程中的参数会被保存在项目文件夹下的 log 文件夹，可以在终端界面输入以下命令调用 TensorBoard 面板来查看统计数据。

将 C:\supermarket-tf\log 文件夹复制至 C 盘根目录下，如图 4-40 所示。

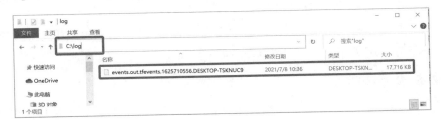

图 4-40　复制 log 文件夹

```
# 进入 C 盘根目录
cd C:\
# 使用命令查看训练数据
tensorboard --logdir .\log --host=127.0.0.1
```

在运行命令后，屏幕将会输出一个可访问地址，如图 4-41 的方框所示。

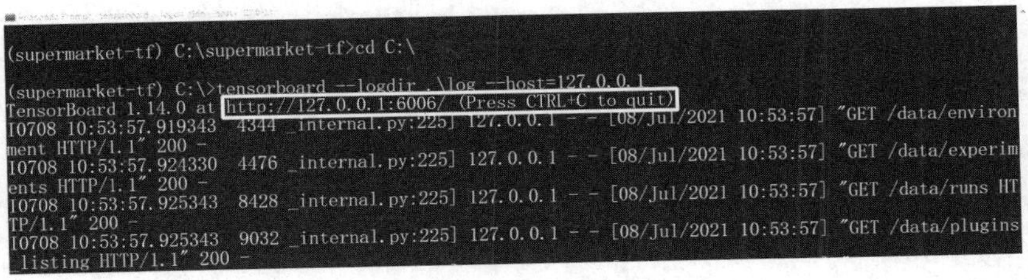

图 4-41　调用 TensorBoard 面板

将地址"http://127.0.0.1:6006/"复制到浏览器中并打开，可以访问 TensorBoard，如图 4-42 所示，从中可以看到训练过程中的各项指标结果的变化情况，也可通过这些指标判断模型的训练情况。

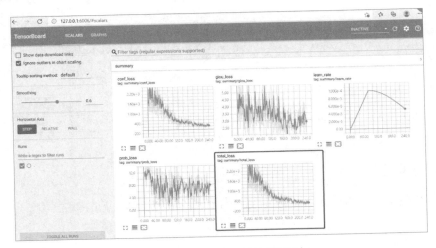

图 4-42　TensorBoard 面板界面

从汇总表中可以看到 5 个表格，图 4-42 方框内的 total_loss 表为总损失的变化趋势，是判断模型训练是否收敛的主要依据。其中，总损失分为以下三个部分。

conf_loss 用于统计类别带来的误差，也就是模型判断分类识别是否准确。

giou_loss 用于统计预测框带来的损失变化情况，也就是模型是否正确框选目标物体。

prob_loss 用于统计置信度带来的误差。

除与损失相关的统计表格外，图 4-42 中右上方的图表显示了学习率的变化，通常为上升→平稳 →下降，这是人为设置的结果。

【任务检查与评价】

完成任务实施后，进行任务检查与评价，任务检查与评价表存放在本书配套资源中。

【任务小结】

通过本任务，读者学习到了如何搭建模型训练环境。读者还学习了训练集、测试集、模型微调的相关知识，并且能够设置训练参数和训练模型。本任务的知识技能思维导图如图 4-43 所示。

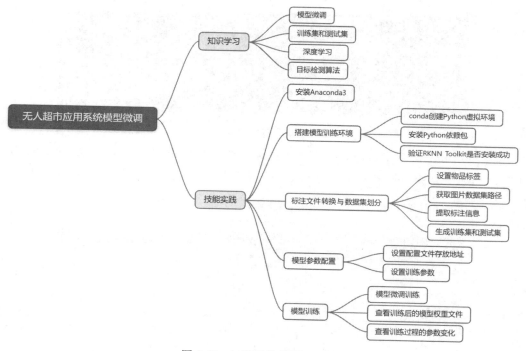

图 4-43　知识技能思维导图

【任务拓展】

尝试调整模型训练参数，并观察训练过程和模型训练指标的变化。

任务二　无人超市应用系统模型评估

【职业能力目标】

- 能够根据要求设置模型的测试参数；
- 能够使用代码对模型进行评估；
- 能够使用代码将模型固化为 pb 格式的文件。

【任务描述与要求】

任务描述：

对训练好的模型进行评估，根据评估指标判断模型是否满足要求，并将训练模型固化为 pb 文件。

任务要求：

- 设置模型的测试参数；
- 运行模型评估代码；
- 分析评估结果；
- 运行代码将模型固化。

【任务分析与计划】

根据所学相关知识，请制订本任务的实施计划，如表 4-2 所示。

表 4-2　任务计划表

项目名称	无人超市应用场景优化
任务名称	无人超市应用系统模型评估
计划方式	自行设计
计划要求	请用 8 个计划步骤来完整描述如何完成本任务
序号	任务计划
1	
2	
3	
4	
5	
6	
7	
8	

【知识储备】

一、模型评估

通常需要定义性能指标用于评价模型的好坏，当然使用不同的性能指标对模型进行评价往往会有不同的结果，也就是说模型的好坏是"相对"的，什么样的模型是好的，不仅取决于算法和数据，还取定于任务需求。因此，选取一个合理的模型评价指标是非常有必要的。

评估一般可以分为回归模型、分类模型和聚类模型的评估，这里主要介绍分类模型的评估。以下将介绍几种评估模型的参数指标，如准确率、精确率、召回率、F_1 值和 ROC 曲线等。

混淆矩阵是表示精度评价的一种标准格式，用 n 行 n 列的矩阵形式来表示。具体评价指标有总体精度、制图精度、用户精度等，这些精度指标从不同的侧面反映了图像分类的精度，如图 4-44 所示。

		实际	
		1	0
预测	1	TP	FP
	0	FN	TN

图 4-44 混淆矩阵

真阳性（True Positive，TP）：真实值是 positive，模型认为是 positive 的数量。

假阳性（False Positive，FP）：真实值是 negative，模型认为是 positive 的数量。这就是统计学上的第二类错误。

真阴性（True Negative，TN）：真实值是 negative，模型认为是 negative 的数量。

假阴性（False Negative，FN）：真实值是 positive，模型认为是 negative 的数量。这就是统计学上的第一类错误。

准确率（Accuracy）的定义：对于给定的测试集，分类模型正确分类的样本数与总样本数之比。准确率的计算公式为

$$Accuracy = \frac{TP + TN}{TP + TN + FP + FN}$$

精确率（Precision）的定义：分类模型预测的正样本中有多少是真正的正样本。

$$Precision = \frac{TP}{TP + FP}$$

召回率（Recall）的定义：对于给定测试集的某一个类别，样本中的正类有多少被分类模型预测正确。

$$Recall = \frac{TP}{TP + FN}$$

F_1 值：在理想情况下，我们希望模型的精确率越高越好，同时召回率也越高越好，但是，现实情况往往事与愿违，在现实情况下，精确率和召回率像是坐在跷跷板上一样，往往出现一个值升高，另一个值降低的情况，因此需要一个指标来综合考虑精确率和召回率，这个指标就是 F 值。F 值的计算公式为

$$F = \frac{(a^2+1) \times P \times R}{a^2 \times (P+R)}$$

式中，P 表示精确率；R 表示召回率；a 为权重因子。当 $a=1$ 时，F 值便是 F_1 值，代表精确率和召回率的权重是一样的，是最常用的一种评价指标。F_1 的计算公式为

$$F_1 = \frac{2 \times P \times R}{P+R}$$

准确率、精确率、召回率和 F_1 值的最优值都为 1，即这些值越接近 1，说明模型的分类效果越好。除此之外，可以通过真正率和假正率绘制 ROC 曲线来评估分类模型。ROC 曲线横纵坐标范围在「0,1」之间，一般来说，ROC 曲线与 x 轴形成的面积越大，模型的分类性能越好，ROC 曲线如图 4-45 所示。

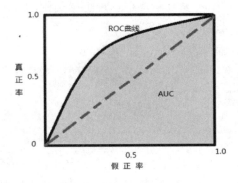

图 4-45 ROC 曲线

性能评估的重要参数有 IoU（交并比）、精确率和召回率。在二元分类中，精确率和召回率是一个简单直观的统计量，但在目标检测中，物体检测模型的输出是非结构化的，事先无法得知输出物体的数量、位置、大小等，因此物体检测的评价算法稍微复杂。对具体的某个物体来讲，我们可以使用 IoU（模型所预测的检测框和真实的检测框的交集和并集之间的比例）来量化贴和程度，如图 4-46 所示。

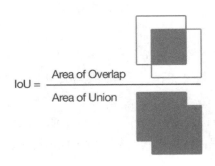

图 4-46 IoU 计算示意图

使用 IoU 进行评估时，需要设定一个阈值，最常用的阈值是 0.5，若 IoU＞0.5，则认为是真实的检测（True Detection），否则认为是错误的检测（False Detection）。通过模型计算，

可以得到每个检测框（满足置信度阈值）的 IoU 值。用计算出的 IoU 值与设定的 IoU 阈值（如 0.5）比较，就可以计算出每个图像中每个类别的正确检测次数（A）。对于每个图像，我们都知道每个图像的真实目标信息，因此也知道了该图像中给定类别的实际目标的数量（B），则可以使用 A/B 来评价该类模型的精度，也就是召回率。

这里介绍一个常用的用于评价模型好坏的综合指标：均值平均精度，即 mAP（mean Average Precision）。mAP 用于反映模型在给定所有类别表现的好坏程度，其计算方法相对复杂。可以简单理解为：mAP = 所有类别的平均精度求和后除以所有类别，即数据集中所有类别的平均精度的平均值。

总体来说，mAP 总是在固定的数据集上计算的，它不是量化模型输出的绝对度量，但是是一个比较好的相对度量。当我们在流行的公共数据集上计算这个度量时，这个度量可以很容易地用来比较不同目标检测方法。根据训练中类别的分布情况，平均精度可能会因为某些类别（具有良好的训练数据）非常高，而对于具有较少或较差数据的类别而言非常低。所以我们需要 mAP 是适中的，但是模型可能对于某些类别非常好，对于某些类别非常不好。因此建议在分析模型结果的同时查看各类别的平均精度，这些值也可以作为我们是不是需要添加更多训练样本的一个依据。

二、模型固化

使用 TensorFlow 框架进行模型训练后得到的 ckpt 文件占用容量大，模型与权重分开存储，不便于文件移动和使用。在完成模型训练后，已经不需要再继续对参数进行训练，因此为方便使用，将 ckpt 文件固化为 pb 文件保存。

pb 文件具有语言独立性，可独立运行，封闭的序列化格式，任何语言都可以解析它。它允许其他语言和深度学习框架读取、继续训练和迁移 TensorFlow 的模型。模型的变量都会变成固定的，导致模型的大小会大大减小。

【任务实施】

一、模型评估

本项目任务一中将原始数据集划分为训练集和测试集，目的是使测试集数据和训练集数据相互独立，以保证测试结果能真实反映模型的泛化能力。请跟随以下步骤，使用测试集数据对模型的好坏进行评估。

步骤 1：打开 "..\supermarket-tf\core\" 文件夹下的 config.py 配置文件。这里同样使用 config.py 配置文件控制模型评估代码的运行。对于模型评估部分，需要关注 config.py 的测试选项部分。

步骤 2：根据需求调整具体参数，如图 4-47 所示。

```
31  # 测试选项
32  __C.TEST                        = edict()
33  __C.TEST.ANNOT_PATH             = ".\\data\\dataset\\test.txt"
34  __C.TEST.BATCH_SIZE             = 1
35  __C.TEST.INPUT_SIZE             = 416
36  __C.TEST.DATA_AUG               = False
37  __C.TEST.WRITE_IMAGE            = True
38  __C.TEST.WRITE_IMAGE_PATH       = ".\\data\\detection\\"
39  __C.TEST.WRITE_IMAGE_SHOW_LABEL = True
40  __C.TEST.WEIGHT_FILE            = ".\\checkpoint\\test_loss=0.8620.ckpt-500"
41  __C.TEST.SHOW_LABEL             = True
42  __C.TEST.SCORE_THRESHOLD        = 0.3
43  __C.TEST.IOU_THRESHOLD          = 0.45
```

图 4-47　配置文件测试选项部分

关键参数解释如下。

__C.TEST.ANNOT_PATH 为测试集地址。

__C.TEST.BATCH_SIZE 为测试过程中批处理图片数量。

__C.TEST.INPUT_SIZE 为测试规定的图片大小。

__C.TEST.WRITE_IMAGE_PATH 为测试的预测结果输出地址。

__C.TEST.WEIGHT_FILE 为测试调用的权重文件。

__C.TEST.SCORE_THRESHOLD 为非极大抑制得分阈值。

__C.TEST.IOU_THRESHOLD 为非极大抑制 IoU 阈值。

动手练习：

填写关键参数。

1. 填写测试集地址（__C.TEST.ANNOT_PATH）：此地址对应市项目任务一的"标注文件转换与数据集划分"中步骤 7 生成的测试集的标注信息文件。

2. 填写测试调用的权重文件（__C.TEST.WEIGHT_FILE）：选择需要进行评估的权重文件，可以在 checkpoint 文件夹内查看并选择想要测试的权重文件。

步骤 3：在"开始"菜单中打开 Anaconda Prompt，如图 4-10 所示。

进入 supermarket-tf 环境，并切换至 supermarket-tf 目录下。在该目录下可以查看模型评估所需使用的 evaluate.py 文件，如图 4-48 所示。

```
# 进入 supermarket-tf 环境
activate supermarket-tf
# 切换至 supermarket-tf 目录下
cd C:\supermarket-tf\
# 查看该目录下的文件
dir
```

步骤 4：在终端使用如下命令运行模型评估代码。

```
# 运行模型评估代码
python evaluate.py
```

模型评估代码将载入 __C.TEST.WEIGHT_FILE 参数所指定的权重文件进行前向传播，逐一读入测试集内的图片并进行预测。在代码运行完成后，"..\supermarket-tf\data\detection\"

文件夹内将生成所有测试集图片的预测结果，如图 4-49 所示。

```
(supermarket-tf) C:\supermarket-tf>dir
 驱动器 C 中的卷是 BOOTCAMP
 卷的序列号是 0246-9FF7

 C:\supermarket-tf 的目录

2021/07/08  10:15    <DIR>          .
2021/07/08  10:15    <DIR>          ..
2021/07/07  13:34    <DIR>          .ipynb_checkpoints
2021/07/06  09:07    <DIR>          answer
2021/07/08  10:45    <DIR>          checkpoint
2021/04/22  14:55               993 ckpt2pb.py
2021/07/07  09:37    <DIR>          conda_pkgs
2021/04/22  15:55             2,217 convert_xml.py
2021/07/07  14:54    <DIR>          core
2021/07/07  14:54    <DIR>          data
2021/07/07  13:48    <DIR>          docs
2021/07/07  10:03    <DIR>          environment.bak
2021/07/05  17:26       346,678,902 environment.zip
2021/07/05  17:15             7,106 evaluate.py
2021/05/20  11:41             2,613 flasktest.py
2021/05/20  10:40             1,910 image_demo.py
2021/07/08  10:15    <DIR>          log
2021/07/07  14:55    <DIR>          mAP
2021/07/07  11:00    <DIR>          pip_pkgs
2021/07/07  15:06               191 rknn.txt
2021/04/22  14:44               563 rknntextfile.py
2021/07/06  09:07    <DIR>          scripts
```

图 4-48　supermarket-tf 目录文件

```
(supermarket-tf) C:\supermarket-tf>python evaluate.py
2021-07-08 15:47:34.183286: I tensorflow/core/platform/cpu_feature_guard.cc:142] Your
CPU supports instructions that this TensorFlow binary was not compiled to use: AVX2
=> ground truth of basketball_6.png:
        basketball 179 157 343 324
=> predict result of basketball_6.png:
.\data\detection\basketball_6.png
        basketball 0.9711 178 153 344 321
=> ground truth of potato_chip_9.png:
        potato_chip 229 36 394 164
=> predict result of potato_chip_9.png:
.\data\detection\potato_chip_9.png
        potato_chip 0.9664 227 35 395 167
=> ground truth of basketball_5.png:
        basketball 209 178 370 341
=> predict result of basketball_5.png:
```

图 4-49　运行模型评估代码

步骤 5：查看评估结果。

进入 data 文件夹下的 detection 文件夹查看预测结果。随机打开其中一张图片，如图 4-50 所示。

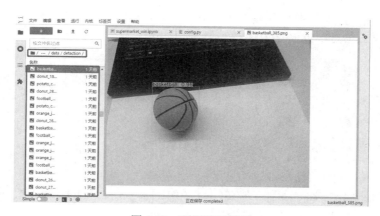

图 4-50　预测结果样例

可以看到篮球样品被正确识别，并被正确框选。

步骤 6：使用命令对模型评估结果进行统计，并生成统计图片。

```
cd mAP
python main.py -na
```

如上代码实现了模型评估结果统计与数据可视化。其中 mAP 是评估一个模型好坏的重要指标，其具体解释如下。

P（Precision）为精确率。AP（Average Precision）为单类标签平均（各个召回率中最大精确率的平均数）的精确率，mAP（mean Average Precision）为所有类标签的平均精确率。

可以认为，在测试集数据范围内，mAP 越高，模型的表现越好。

统计模型评估结果如图 4-51 所示。

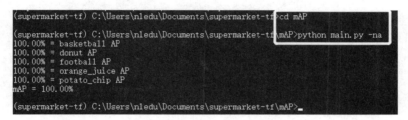

图 4-51 统计模型评估结果

步骤 7：通过 mAP 等指标直观展示当前测试模型的性能，如图 4-52 所示。

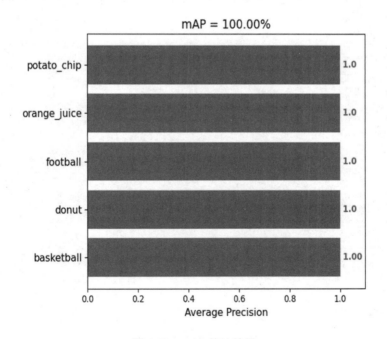

图 4-52 mAP 统计结果

模型评估的统计结果均保存在 mAP 文件夹内，进入 results 文件夹能查看更多细节。如图 4-53 所示，模型对测试集 382 个图片文件进行预测，可以看到，模型对测试集内的图片均成功预测。

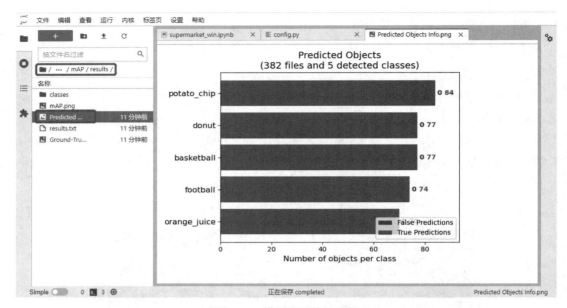

图 4-53　模型预测统计结果

二、模型固化

步骤 1：回到 supermarket_win.ipynb 界面，运行"将 ckpt 文件固化为 pb 文件"代码，实现模型转换，如图 4-54 所示。

模型训练后得到的ckpt文件占用容量大，模型与权重分开存储，不便于文件移动和使用。在完成模型训练后，已经不需要再继续对参数进行训练，因此为方便使用，将ckpt文件固化为pb文件保存。

```python
import tensorflow as tf
from core.yolov3 import YOLOV3

tf.compat.v1.logging.set_verbosity(tf.compat.v1.logging.INFO)
tf.reset_default_graph()

pb_file = ".\\test_loss=0.8620.pb"       #生成的pb文件存放位置
ckpt_file = ".\\checkpoint\\test_loss=0.8620.ckpt-500"    #将转换的ckpt模型文件位置
output_node_names = ["input/input_data", "pred_sbbox/concat_2", "pred_mbbox/concat_2", "pred_lbbox/concat_2"]
#模型输入输出节点

with tf.name_scope('input'):
    input_data = tf.placeholder(dtype=tf.float32, name='input_data')

model = YOLOV3(input_data, trainable=False)
print(model.conv_sbbox, model.conv_mbbox, model.conv_lbbox)

sess  = tf.Session(config=tf.ConfigProto(allow_soft_placement=True))
saver = tf.train.Saver()
saver.restore(sess, ckpt_file)

converted_graph_def = tf.graph_util.convert_variables_to_constants(sess,
                        input_graph_def  = sess.graph.as_graph_def(),
                        output_node_names = output_node_names)

with tf.gfile.GFile(pb_file, "wb") as f:
    f.write(converted_graph_def.SerializeToString())
```

图 4-54　模型转换代码

步骤 2：转换后可在项目根目录位置查看生成结果，如图 4-55 所示。

rknn.txt		6 小时前
rknntextfile.py		3 个月前
summary.py		3 个月前
supermarket_win.ipynb		30 分钟前
supermarket.rknn		4 小时前
test_loss=0.8620.pb		6 小时前
train.py		15 天前
video_demo.py		3 个月前

图 4-55 转换后的 pb 文件

【任务检查与评价】

完成任务实施后，进行任务检查与评价，任务检查与评价表存放在本书配套资源中。

【任务小结】

通过本任务，读者学习到常用的模型评估指标，并通过动手实践完成模型评估、模型固化等相关操作。本任务的知识技能思维导图如图 4-56 所示。

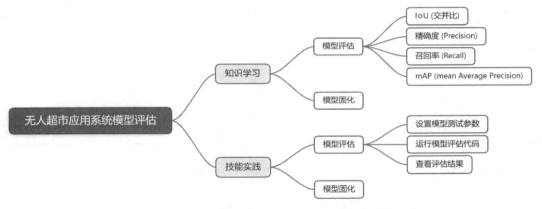

图 4-56 知识技能思维导图

【任务拓展】

对于评估模型，你知道分类模型还有哪些评估指标吗？

任务三　无人超市应用系统模型部署

【职业能力目标】

- 能够根据需求设置模型转换参数；
- 能够将训练后的模型转换为 RKNN 格式；
- 能够在 AI 边缘网关上完成模型的部署。

【任务描述与要求】

任务描述：

本任务的主要内容为将训练好的模型转换为 AI 边缘网关所需的格式，并将转换后的模型部署至 AI 边缘网关。

　　任务要求：

* 配置模型转换参数；
* 将转换后的模型部署至 AI 边缘网关。

【任务分析与计划】

　　根据所学相关知识，请制订本任务的实施计划，如表 4-3 所示。

表 4-3　任务计划表

项目名称	无人超市应用场景优化
任务名称	无人超市应用系统模型部署
计划方式	自行设计
计划要求	请用 8 个计划步骤来完整描述如何完成本任务
序号	任务计划
1	
2	
3	
4	
5	
6	
7	
8	

【知识储备】

一、RKNN 格式的模型

　　RKNN 是 Rockchip NPU 平台使用的模型类型，是以 "rknn" 后缀结尾的模型文件。将模型转换为特定格式的 RKNN 文件能够调用平台上的 AI 专用加速芯片（NPU），以获得更高的算力。如果用户需要在 NPU 上使用自己训练的算法模型，则需要把自己的模型转换成 RKNN 格式再使用。

　　Rockchip 提供了模型转换工具 RKNN Toolkit，方便用户将自主研发的算法模型转换成 RKNN 模型。RKNN Toolkit 是为用户提供在 PC、Rockchip NPU 平台上进行模型转换和性能评估的开发套件，用户通过该工具提供的 Python 接口可以便捷地完成模型转换。RKNN Toolkit 支持将 Caffe、TensorFlow、TensorFlow Lite、ONNX、Darknet、Pytorch、MXNet 等框架的模型转成 RKNN 模型，支持 RKNN 模型导入/导出，后续能够在 Rockchip NPU 平台上加载使用。RKNN Toolkit 从 1.2.0 版本开始支持多输入模型。本任务使用的是 RKNN Toolkit 1.6.1 版本。

二、边缘端模型的转换与部署

1. 模型部署

模型部署又称为模型发布，建立模型本身并不是机器学习的目标，虽然模型使数据背后隐藏的信息和知识显现出来，但机器学习的根本目标是将信息和知识以某种方式组织和显现出来，并用来改善运营和提高效率。

当然，在实际的机器学习工作中，根据不同的业务需求，模型部署的具体工作可能简单到提交机器学习报告，也可能复杂到将模型集成到公司的核心运营系统中。本任务中的模型部署主要包含了部署准备、模型量化转换、模型部署三个步骤。

2. 深度学习模型在边缘端部署的难点

将训练好的神经网络模型部署到设备用于生产实践是整个深度学习过程的最终目的。由于边缘计算的诸多优点，现在模型应用越来越倾向于从云端部署转变为边缘端部署，但是边缘端部署也存在一些难点。

1）边缘端设备计算能力弱

Resnet-152 神经网络的提出证明了越宽越深越大的模型往往比越窄越浅越小的模型精度要高，但是越宽越深越大的模型对计算资源要求更高。通常的云端平台都配备 GPU，算力强（10～300TOPS），应用场景的物理限制较小，可以通过增加设备数量提升算力。相比 GPU 平台，边缘端设备的主要特点是算力弱。手机现在是用户群体最大的嵌入式设备，而且手机芯片代表各种嵌入式设备的算力巅峰。当前市面上比较强的几款手机芯片有麒麟980（4xA76 + 4xA53）、骁龙 855（4xA76 + 4xA53）、A12（6 core）。粗略估计，一个核的算力约 2GOPS，一块芯片的算力约 16GOPS，远不如 GPU 平台的算力。因使用场景限制，如体积、内存、散热、成本等，无法像 GPU 平台那样通过增加硬件设备来提升算力，且空间有限。近些年半导体行业摩尔定律几乎失效，现有芯片很难有大的算力密度提升。

生活中还有其他各种嵌入式电子产品，虽然其芯片配置没有手机芯片配置高，仍然是潜在的深度学习终端。现在 CV 深度学习技术已经比较成熟，带摄像头的电子产品是很重要的落地方向，如安防行业的 IPC。这些产品的芯片配置大都没手机的芯片配置那么高，而且嵌入式设备的算力还需要分给操作系统及其他程序，能留给网络运行的算力更少。

2）边缘端设备存储能力差

除了算力，边缘端设备存储空间紧凑，如手机等嵌入式设备，无法通过堆叠硬件的方式增大存储空间。由于神经网络模型越来越深，参数越来越多，神经网络模型一般都会占用很大的磁盘空间，如 AlexNet 的模型文件就超过了 200MB。模型包含了数百万个参数，绝大部分的空间都用来存储这些参数。这些参数是浮点数类型的，普通的压缩算法很难压缩它们的空间。保存更多的模型参数意味着需要更大的存储空间和更高的成本。而许多应用场景又通常需要将这些复杂的模型部署在一些小容量低成本的嵌入式设备中，因而这就产生了一个矛盾。

因此，对于深度学习模型在边缘端部署，我们主要需要针对边缘端设备计算能力弱和存储能力差的特点进行重点优化。

3．边缘端部署的优化思路

计算模型的创新带来的是技术的进步，而边缘智能的巨大优势也促使人们直面挑战、解决问题，推动相关技术的发展。针对边缘智能面临的挑战，当前针对边缘智能难题的研究方向包括边云协同、模型分割、模型裁剪、模型量化、减少冗余数据传输及设计轻量级加速体系结构。其中，边云协同、模型分割、模型裁剪、模型量化主要是减少边缘智能在计算、存储需求方面对边缘端设备的依赖；减少冗余数据传输主要用于提高边缘网络资源的利用效率；设计轻量级加速体系结构主要针对边缘特定应用提升智能计算效率。

1）边云协同

为弥补边缘端设备计算能力、存储能力的不足，满足 AI 方法训练过程中对强大的计算能力、存储能力的需求，有研究文献提出云计算和边计算协同服务架构。如图 4-57 所示，训练过程被部署在云端，而训练好的模型被部署在边缘端设备。显然，这种服务模型能够在一定程度上弥补 AI 在边缘端设备上对计算能力、存储能力的需求。

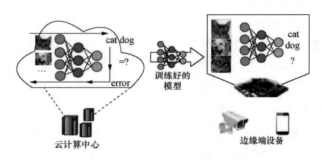

图 4-57　云计算中心协同边计算服务器服务的过程

类似上述理念，2018 年 7 月，谷歌公司推出两款大规模开发和部署智能连接设备的产品：Edge TPU 和 Cloud IoT Edge。Edge TPU 是一种小型的专用集成电路（Application Specific Integrated Circuit，ASIC）芯片，用于在边缘端设备上运行 TensorFlow Lite 机器学习模型。Cloud IoT Edge 是一个软件系统，它可以将谷歌云的数据处理和机器学习功能扩展到网关、摄像头和终端设备上。用户可以在 Edge TPU 或者基于 GPU/CPU 的加速器上运行在谷歌云上训练好的机器学习模型。Cloud IoT Edge 可以在 Android 或 Linux 设备上运行，关键组件包括一个运行时（runtime）。Cloud IoT Edge 运行在至少有一个 CPU 的网关类设备上，可以在边缘端设备本地存储、转换、处理数据，同时还能与物联网（Internet of Things，IoT）平台的其他部分进行无缝操作。

2）模型分割

模型分割，即切割训练模型，是一种边缘端服务器和终端设备协同训练的方法。如图 4-58 所示，计算量大的计算任务将被卸载到边缘端服务器进行计算，而计算量小的计算任务则被保留在终端设备本地进行计算。上述终端设备与边缘端服务器协同推断的方法能有效地降低深度学习模型的推断时延。然而，不同的模型切分点将导致不同的计算时间，因此需要选择最佳的模型切分点，以最大化地发挥终端与边缘端协同的优势。

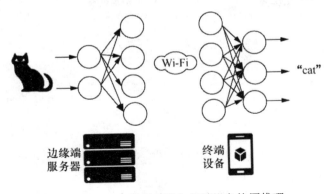

图 4-58 边缘端服务器与终端设备协同推理

3）模型裁剪

为了减少 AI 方法对计算能力、存储能力的需求，一些研究人员提出了一系列的技术，在不影响准确度的情况下裁剪训练模型，如在训练过程中丢弃非必要数据、稀疏代价函数等。图 4-59 展示了一个裁剪的多层感知网络，网络中许多神经元的值为零，这些神经元在计算过程中不起作用，因而可以将其移除，以减少训练过程中对计算能力、存储能力的需求，尽可能使训练过程在边缘端设备上进行。

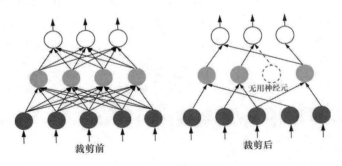

图 4-59 模型裁剪

4）模型量化

用低精度（位宽）的数据类型替代高精度（位宽）的数据类型，即模型量化。

（1）深度学习的激活值/权重分布比较集中，具备低精度表示的可能性。

（2）在现有计算机体系构架中，计算定点数比计算浮点数更快。

模型量化，即以较低的推理精度损失将连续取值（或者大量可能的离散取值）的浮点型模型权重或流经模型的张量数据定点近似（通常为 int8）为有限多个（或较少的）离散值的过程。它是以更少位数的数据类型用于近似表示 32 位有限范围浮点型数据的过程，而模型的输入/输出依然是浮点型的，从而达到减少模型尺寸、减少模型内存消耗及加快模型推理速度等目标，如图 4-60、图 4-61 所示。

图 4-60 模型量化前

压缩参数　　　提升速度　　　降低内存占用　　　精度损失

图 4-61 模型量化后

5）减少冗余数据的传输

为节省带宽资源，针对不同的环境使用不同的减少数据传输的方法，主要表现在边云协同和模型压缩中。例如，只将在边缘端设备推断有误的数据传输到云端再次训练，在不影响准确度的情况下移除冗余数据，以减少冗余数据的传输。

【任务实施】

一、模型格式转换

由于边缘端设备空间与算力的局限性，部署前需要对模型进行优化。使用模型量化方法将浮点型格式的模型权重转换为整型，以节省存储空间并提高运算效率。同时开发板上配置了 NPU 加速模块，模型转换为 RKNN 格式后可使用 NPU 模块进行加速。

步骤 1：在"开始"菜单中打开 Anaconda Prompt，如图 4-10 所示。

步骤 2：进入 supermarket-tf 环境，并切换至 supermarket-tf 目录下。使用如下命令启动 RKNN Toolkit，如图 4-62 所示。

```
# 进入 supermarket-tf 环境
activate supermarket-tf
# 切换至 supermarket-tf 目录下
cd C:\supermarket-tf\
# 启动 RKNN Toolkit
python -m rknn.bin.visualization
```

图 4-62 启动 RKNN Toolkit

RKNN Toolkit 界面如图 4-17 所示，由于此次转换的模型文件为 TensorFlow 的 pb 文件，单击 RKNN Toolkit 界面的"TensorFlow"按钮进入转换设置界面。

步骤 3：设置基本参数，如图 4-63 所示。

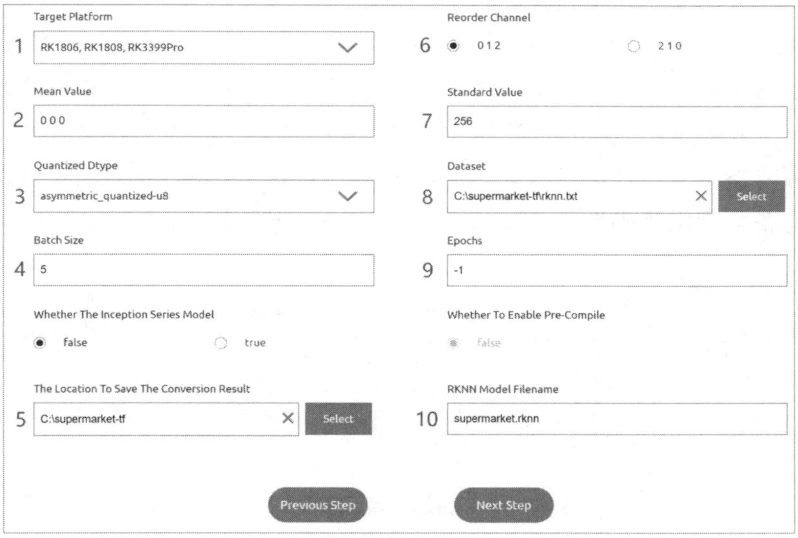

图 4-63 参数设置界面

（1）Target Platform（目标平台）指定 RKNN 模型是基于哪个目标芯片平台生成的。目前支持搭载 RK1806、RK1808、RK3399Pro、RV1109 和 RV1126 芯片的边缘端设备。教材配套的 AI 边缘网关设备上搭载的芯片为 RK3399Pro，所以此项选择"RK1806, RK1808,RK3399Pro"。

（2）Mean Value（均值）和 Standard Value（归一化值）共同组成输入数据归一化方法。输入均值的参数格式是一个列表，列表中包含一个或多个均值子列表，多输入模型对应多个子列表，每个子列表使用"#"隔开。将此项设为"0 0 0"不做减均值处理。归一化值包含一个或多个归一化参数，用"#"隔开。例如，填入 255 表示设置一个输入的三个通道图像的像素值减去均值后再除以 255。若将"Reorder_Channel"（通道重排序）设置为"2 1 0"，则优先对通道顺序进行调整，再对数据做"减均值"和"除以归一化值"处理。

（3）Quantized Dtype（量化类型），目前支持的量化类型有 asymmetric_quantized-u8、dynamic_fixed_point-8 和 dynamic_fixed_point-16，默认为 asymmetric_quantized-u8。此项保持默认。

（4）Batch Size（批处理大小），默认为 100。量化时将根据该参数决定每一批训练的图片数量，以校正量化结果。此项设置为"5"。若数据集中的数据量小于设置的值，则该参数值将自动调整为数据集中的数据量大小。

（5）The Location To Save The Conversion Result（转换后的 RKNN 模型存储路径）。此项设置为"C:\supermarket-tf"，转换后的 RKNN 模型将保存在此路径下。

（6）Reorder Channel（通道重排序）表示是否需要对图像通道顺序进行调整。"0 1 2"

表示按照输入的通道顺序来推理，如果输入时通道顺序是"RGB"，那么推理时就根据"RGB"顺序传给输入层。"2 1 0"表示对输入进行通道转换，如果输入时通道顺序是"RGB"，那么推理时会将其转成"BGR"再传给输入层；如果输入时通道顺序是"BGR"，那么推理时会将其转成"RGB"再传给输入层。

（7）Standard Value（归一化值）同（2）。

（8）Dataset（量化校正数据的数据集），目前支持文本文件格式，用户可以把用于校正的图片（"jpg"或"png"格式）或"npy"文件路径放到一个"txt"文本中。文本文件中每一行存储着一条图片路径信息。可以使用 supermarket_win.ipynb 中的模块代码抽取图片生成量化校正数据集的代码生成 rknn.txt 文件，如图 4-64 所示。

```
[9]:  import os
      import random

      BASE_PATH = os.path.dirname(os.path.abspath('__file__'))
      INPUT_DIR=BASE_PATH +'\\data\\dataset\\supermarket\\img\\'
      fs = os.listdir(INPUT_DIR)
      random.shuffle(fs)

      path = '.\\rknn.txt'
      f = open(path,'w') #打开文件流

      count = 1
      for img in fs:
          if os.path.splitext(img)[1].lower() not in (".jpg", ".png", ".jpeg"):
              continue
          #抽取 1/10 图片进行量化
          if count%10 == 0:
              img_path = INPUT_DIR + img + '\n'
              print(img_path)
              f.write(img_path)   # 写入图片地址
          count = count + 1;

      f.close()   #关闭文件流

      C:\supermarket-tf\data\dataset\supermarket\img\football_11.png

      C:\supermarket-tf\data\dataset\supermarket\img\orange_juice_1.png

      C:\supermarket-tf\data\dataset\supermarket\img\basketball_8.png
```

图 4-64　生成量化校正数据集

（9）Epochs（迭代次数），每迭代一次，选择 Batch Size 指定数量的图片进行量化校正。默认值为-1，此时 RKNN Toolkit 会根据 Dataset 中的图片数量自动计算迭代次数以最大化利用数据集中的数据。

（10）RKNN Model Filename（转换后保存的 RKNN 模型文件名），此项设置为"supermarket.rknn"。

步骤 4：单击"Next Step"按钮，进入 TensorFlow 模型设置界面，如图 4-65 所示。

图 4-65　TensorFlow 模型设置界面

（1）Model 为 TensorFlow 模型文件（.pb 后缀）所在路径。

（2）Input Nodes 为模型输入节点，支持多个输入节点。所有输入节点名放在一个列表中。此处输入"input/input_data"。

（3）Output Nodes 为模型输出节点，支持多个输出节点。此处分别填写"pred_sbbox/concat_2""pred_mbbox/concat_2""pred_lbbox/concat_2"。

（4）Input Size List 为每个输入节点对应的图片的尺寸和通道数。示例中的 YOLO 模型，其输入节点对应的输入尺寸是 [416,416,3]。此处填写"416,416,3"。

步骤 5：进行转换。

在所有设置都配置好后，单击"Next Step"按钮进入模型转换界面，如图 4-66 所示。

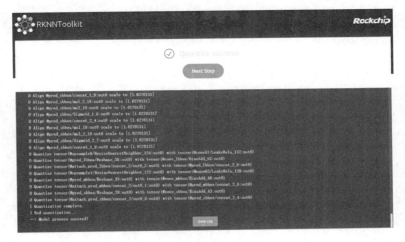

图 4-66　模型转换界面

成功转换后，界面会输出模型结构和各个层的转换结果，其中深蓝色的层为成功量化。单击"Start Conversion"按钮就可将转换结果导出，如图 4-67 所示。

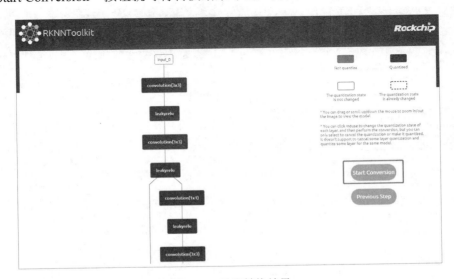

图 4-67　导出转换结果

在对应位置可找到生成的 RKNN 模型，如图 4-68 所示。

rknn.txt	6 小时前
rknntextfile.py	3 个月前
summary.py	3 个月前
supermarket_win.ipynb	42 分钟前
supermarket.rknn	5 小时前
test_loss=0.8620.pb	6 小时前
train.py	15 天前

图 4-68　生成的 RKNN 模型

二、将模型部署至 AI 边缘网关

步骤 1：将转换过的 supermarket.rknn 模型文件复制到 "..\项目四\supermarket\model\" 路径下，如图 4-69 所示。

图 4-69　复制模型文件

步骤 2：使用 Xftp 连接 AI 边缘网关，并将 "..\项目四\supermarket" 文件夹放入 AI 边缘网关中的 "/home/nle/" 路径下，如图 4-70 所示。

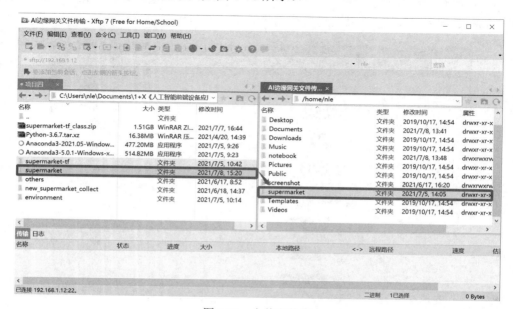

图 4-70　上传文件夹

步骤 3：使用 Xshell 连接 AI 边缘网关。执行如下命令进入 supermarket 目录，运行无人超市程序进行商品识别，如图 4-71 所示。

```
# 进入 supermarket 目录
cd supermarket
# 运行无人超市程序
sudo python3 supermarket.py
```

```
nle@debian10:~$ cd supermarket/
nle@debian10:~/supermarket$ ls
__pycache__  database  model  resource.qrc  static        ui
algorithm    face.db   pages  resource_rc.py  supermarket.py  utils
nle@debian10:~/supermarket$ sudo python3 supermarket.py
```

图 4-71　执行程序

步骤 6：可以看到经过模型微调训练后，超市商品可以被准确识别，如图 4-72、图 4-73 所示。

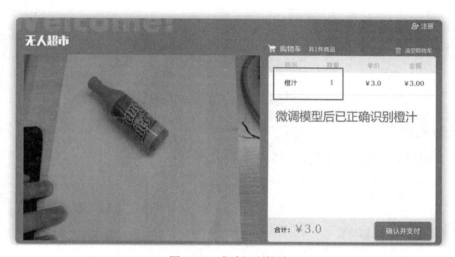

图 4-72　成功识别橙汁

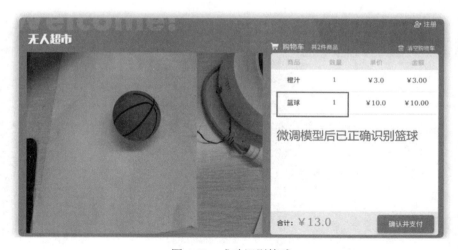

图 4-73　成功识别篮球

【任务检查与评价】

完成任务实施后，进行任务检查与评价，任务检查与评价表存放在本书配套资源中。

【任务小结】

通过本任务，读者能够成功完成模型的部署任务，将训练好的模型部署在边缘端设备上，并验证商品识别功能，如图 4-74 所示。

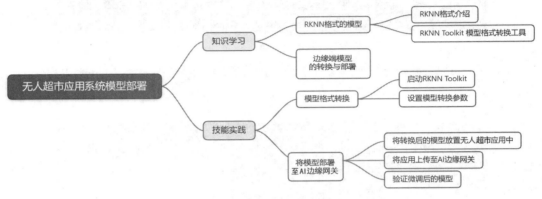

图 4-74　知识技能思维导图

【任务拓展】

对于模型部署，你还有其他的部署方案吗？

附录 A
配套资源中使用的用户名和密码

设备/软件	用户名	密码
TP-LINK 路由器	-	newland123
枪型摄像头后台管理页面	admin	newland123
AI 边缘网关	nle(root)	nle
智能人脸一体机后台管理页面	admin	123456
智慧校园服务端虚拟机 SmartCampusVm	root	newland123
仓库镜像虚拟机 Nexus	root	newland123
智慧校园服务端 MySQL	root	newland123
智慧校园服务端 MySQL	admin	newland123
智慧校园 PC 客户端 AiClient.exe	admin	123456
AI 边缘网关智慧校园应用管理员	admin	123456